商务演示文稿设计与制作

主　编　李雪梅　何东远

副主编　贺艺虹　王　晗　宋婷婷

　　　　刘玉霞　王志同

参　编　王妍力　王瑞雪　王红伟

　　　　陈锦澳

主　审　谢夫娜　隋　扬

北京理工大学出版社
BEIJING INSTITUTE OF TECHNOLOGY PRESS

内 容 简 介

本教材为工作手册式新型教材，解决了过去教材中形式传统、案例陈旧、无法对接产业需求、缺乏配套资源、内容结构不利于自主学习等一系列问题。

本教材以职业为导向，以项目为载体，立足学生未来发展与价值观塑造，融通岗课赛证，从不同的职业视角介绍了运用 WPS 软件设计与制作演示文稿的高级操作技巧和相关知识。

本教材从环境保护、城市宣传、述职报告、产品营销与宣传推广、文化传承、网络安全、年会快闪及颁奖典礼、新能源汽车发展、财务报告、新媒体运营、乡村振兴等多个角度出发，共包含 8 个基础项目及 8 个拓展项目，前者供教师讲课使用，后者供学生实训练习。所有项目均基于实际工作需求进行设置，由项目背景、项目目标、项目分析、项目实施、项目总结、项目评价 6 个模块组成，结构统一、风格多样。不同项目涵盖知识点有不同侧重，力求覆盖演示文稿的文本编辑、形状设计、图片编辑、主题与母版、动画设置、图表和智能图形、切换与输出等主要知识内容。

本教材将项目所用知识点以图表的形式单独列出，每个知识点均有对应的视频，扫码即可观看。

图书在版编目（CIP）数据

商务演示文稿设计与制作 / 李雪梅，何东远主编.

北京：北京理工大学出版社，2025. 1.

ISBN 978-7-5763-4904-7

Ⅰ. TP391.41

中国国家版本馆 CIP 数据核字第 20252SA897 号

责任编辑: 芈 岚 　　　**文案编辑:** 芈 岚
责任校对: 刘亚男 　　　**责任印制:** 施胜娟

出版发行 / 北京理工大学出版社有限责任公司

社　　址 / 北京市丰台区四合庄路 6 号

邮　　编 / 100070

电　　话 / （010）68914026（教材售后服务热线）
　　　　　　（010）63726648（课件资源服务热线）

网　　址 / http://www.bitpress.com.cn

版 印 次 / 2025 年 1 月第 1 版第 1 次印刷

印　　刷 / 定州启航印刷有限公司

开　　本 / 889 mm×1194 mm　1/16

印　　张 / 9.5

字　　数 / 185 千字

定　　价 / 75.00 元

PREFACE 前言

在当今信息化时代，演示文稿已成为信息传递和视觉表达的重要工具，广泛应用于商务汇报、市场推广、项目展示、教育培训等多个领域。一份清晰、专业且富有吸引力的演示文稿，不仅能够有效提升沟通效率，还能增强演讲者的说服力和影响力。

本教材围绕商务演示的核心技能，结合现代设计理念，系统讲解如何制作高质量的演示文稿，使读者能够掌握内容策划、视觉设计、排版优化、动画效果等关键技巧。全书采用项目驱动模式，涵盖企业宣传、品牌推广、数据汇报、文化展示等多个实用案例，并融入最新的演示趋势，如动态特效、交互设计、新媒体应用等。

本教材有如下主要特点。

1.案例丰富，贴近实战：精选多个真实案例，帮助读者在实践中学习，提升演示文稿的应用能力。

2.结构清晰，易学易用：采用模块化教学方式，逐步解析制作流程，使初学者也能快速掌握核心技能。

3.融合美学与技术：讲解现代演示文稿的设计原则，从配色、排版到动画应用，帮助读者打造更具吸引力的视觉表达。

4.配套资源，拓展学习：提供电子资源、模板素材、学习视频等，读者可随时获取额外学习支持，提升自主学习体验。

无论是职场人士、创业者、培训讲师，还是希望提升个人演示文稿制作能力的学习者，本教材都能提供实用的技巧和参考，帮助读者制作更具影响力的演示文稿。本教材各项目的主要内容如下表所示。

项目名称	所侧重的知识点
项目 1　制作保护母亲河演示文稿	文本的编辑与修饰
项目 2　制作城市宣传演示文稿	图文混排
项目 3　制作营销岗位述职报告演示文稿	形状绘制及效果添加
项目 4　制作弘扬中国茶文化演示文稿	图片的编辑与版面设计
项目 5　制作年会快闪演示文稿	快闪动画设置
项目 6　制作数码产品宣传演示文稿	幻灯片母版及切换效果
项目 7　制作企业财务年度总结报告演示文稿	插入图表和智能图形
项目 8　制作短视频平台运营演示文稿	综合实训

　　本教材由李雪梅、何东远担任主编，两位主编都具有丰富的教学经验和企业学习经验；由贺艺虹、王晗、宋婷婷、刘玉霞、王志同担任副主编，王妍力、王瑞雪、王红伟、陈锦澳参与编写。其中，陈锦澳为企业专家。

　　本教材在编写过程中得到了谢夫娜老师和隋扬老师的大力支持，编者在此表示感谢。

　　由于编者水平有限，书中难免存在疏漏与不足之处，恳请广大师生批评指正，以便我们进一步修改完善。读者意见反馈邮箱：Bitpress2CTEcsart@126.com。

知识清单

序号	技能点	微课	序号	技能点	微课
1	设置页面尺寸		11	绘制任意多边形	
2	通过"新增节"打造更加清晰的页面结构		12	图片色彩调整	
3	快速设计演示文稿的模板样式		13	文本渐变填充	
4	设置幻灯片页码		14	文字图片填充	
5	快速调整幻灯片的设计风格		15	创意文字效果	
6	由文本快速创建幻灯片		16	文本轮廓的设置	
7	渐变形状		17	快速合并多份演示文稿文档	
8	合并形状（布尔运算）		18	三维旋转效果的调整	
9	编辑顶点、开放路径		19	组合图表	
10	绘制曲线		20	表格样式的调整	

续表

序号	技能点	微课	序号	技能点	微课
21	图标的使用		28	多图片排版技巧	
22	参考线的使用		29	为元素添加多个动画	
23	大段文字排版		30	幻灯片切换效果	
24	多文段排版		31	平滑切换效果	
25	图片排版		32	文件加密保存	
26	设置毛玻璃效果（图片虚化效果）		33	多显示器放映演示文稿	
27	单图片排版技巧		34	文件的输出设置	

使用指南：

本教材把 WPS 演示文稿设计与制作相关知识进行了解构与重构，将包括文本编辑、由文本快速创建演示文稿、主题与模板、图文混排、编辑形状、动画设置、使用智能图形、运用图表进行数据分析、幻灯片的切换、文件的保存与放映等内容的知识体系颗粒化为 34 个具体的知识点，制作成知识清单，并以视频的形式呈现，大家扫码即可观看。

本教材依据岗位工作流程选取典型工作案例，设置 8 个基础项目和 8 个拓展项目。每个项目后面的"技能探照灯"板块列出了知识清单中的相应视频，便于对照学习。拓展项目设有详细的步骤讲解，大家可对照样片自由发挥，进行个性化学习，并完成"客户需求分析表""版式设计方案表"等任务工单。

限于篇幅，有一些简单的知识点，比如插入背景图片、插入文本框等，操作步骤中没有进行详细说明，大家可对照教材中的文稿预览效果进行制作。

CONTENTS 目录

项目 ❶　制作保护母亲河演示文稿

效果展示

通过对本项目的学习，你将掌握如何对文本进行编辑与修饰。对应技能点操作视频：
- 📹9 编辑顶点、开放路径
- 📹15 创意文字效果
- 📹24 多文段排版

1. 项目背景

黄河是一条孕育着伟大文明的河流，是中华文明的一个重要象征。黄河文化以兼容并蓄、博采众长的特性推动着中华文明的发展，展现着中华民族强大的包容性，积累传承了丰富的中华民族集体记忆。进入新时代，踏上新征程，我国开创了国家江河战略，以促进长江和黄河流域的生态保护和高质量发展。在这样的时代背景下，我们每个人都要承担起保护母亲河的责任，传承和弘扬黄河文化，奏好新时代的"黄河大合唱"。

2. 项目目标

1）演示文稿的设计符合"保护母亲河"主题思想。

2）演示文稿的内容选取合理，践行国家江河战略。

3）演示文稿具有设计特色，页面布局美观、色彩和谐。

保护母亲河演示文稿如图 1-1、图 1-2、图 1-3 所示。

图 1-1　保护母亲河演示文稿
封面页

图 1-2　保护母亲河演示文稿
目录页

图 1-3　保护母亲河演示文稿
样片展示

3. 项目分析

1）行业分析。

党的二十大报告强调了教育数字化的重要性，在教学、培训、文化宣传过程中，制作演示文稿是实现教育数字化的途径之一。现阶段，部分演示文稿存在设计美感较弱、内容传递重点不突出等问题。因此，提升演示文稿的排版设计能力是十分重要的。

2）国家政策。

2023年4月1日，《中华人民共和国黄河保护法》正式施行，迫切需要制作宣传保护母亲河的演示文稿，以此弘扬黄河精神，传承母亲河的生态文化。

3）技术可行性。

①文字分段，提取重点，层级明显。

②美化排版布局，让画面富有层次感且令人舒适。

③色彩统一有韵味。

4）预期效果。

本演示文稿将以清晰的结构、生动的视觉效果和富有感染力的内容，全面展示"保护母亲河"的重要性。艺术化文字与多媒体元素的合理运用，将提升演示文稿的互动性和吸引力，使宣传内容更具说服力和传播价值，助力环保理念的广泛传播；达到增强观众的环保意识，引发共鸣，并鼓励实际行动的效果。

📖 学思践悟

黄河孕育了中华文明，承载着丰富的历史记忆和生态价值。深入理解黄河文化，感受人与自然和谐共生的智慧，探讨生态保护的现实意义。

4.项目实施

（1）演示文稿的设计

1）需求分析。分析客户需求，填写如表1-1所示的客户需求分析表。客户需求分析内容包括以下五方面。

①确定目标人群。

②确定设计风格。

③确定色彩搭配。

④确定主要内容。

⑤确定版面比例。

表1-1　客户需求分析表

项目名称	制作保护母亲河演示文稿
目标人群	公众、学生、环保组织、政府相关部门等
设计风格	中国风
色彩搭配	以低饱和度的浅橘色为主色调，绿色和红色为辅助色
主要内容	宣传保护黄河意识，弘扬黄河文化
版面比例	16：9

2）内容规划。根据客户需求分析，进行演示文稿的内容规划，包括文案策划和图片素材的收集整理，绘制演示文稿内容规划的思维导图，如图1-4所示。

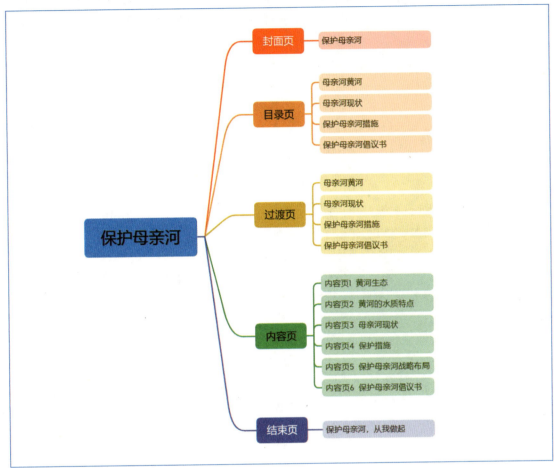

图1-4 保护母亲河演示文稿内容规划思维导图

3）版式设计。根据客户需求并结合演示文稿的内容规划，为演示文稿绘制版式设计草图，确定页面布局和配色方案，并完善如表1-2所示的版式设计方案表。

表1-2 版式设计方案表

名称	文案设计	布局方案	配色设计
封面页	1.封面页文案设计应简明扼要，具有吸引力，并与主题相关。 2.运用美学原理，注意版式布局，考虑受众等方面的因素，以达到最好的视觉效果和传达效果	1.主题字：通常放在封面页的视觉中心位置，使用较大字号或加粗字体，突出并确保主题字清晰易读。 2.装饰字：用来补充主题字，围绕主题字适当放置。可选择与主题相符的风格和字体，但不要过分花哨，以免影响整体简洁度和专业感。 3.英文字：可置于主题字的下方或侧面。字号偏小，注意区分衬线字体与无衬线字体，使其形成良好的视觉层次	以低饱和度的浅橘色为主色调，突出中国风

续表

名称	文案设计	布局方案	配色设计
目录页	1. 文案简洁明了，用尽量少的文字概括每个章节的内容。 2. 如果演示文稿内容较多，可以使用层级结构，区分主要章节和子章节。 3. 真实反映演示文稿中各个章节的实际内容，避免使用夸大或误导性的语言	1. 目录的层次结构：根据内容结构，将主要章节和子章节进行合理的层次划分，使目录呈现清晰的结构。 2. 使用标示符：使用符号、数字或字母等标记各级目录，易于观众理解。 3. 标题样式：应与正文保持一致，包括字体、大小、颜色等，以确保整体一致性。 4. 使用视觉元素：可以适当使用一些视觉元素，如线条、背景色块等，突出目录，并使其更加吸引人。 5. 控制字数和长度：每个项目应尽量控制在一或两行的长度，避免过长导致排版混乱	低饱和度的黄色＋红色＋绿色
过渡页	1. 与演示文稿主题一致，形成衔接。 2. 引发兴趣，激发观众的好奇心。 3. 简单易读，避免使用复杂术语	1. 根据具体需求和设计风格，选择合适的布局方案，包括居中布局、左右分栏布局、上下分区布局和网格布局等。 2. 考虑内容的呈现效果和观众的阅读习惯，可以适当运用动画效果或吸引人的视觉元素，增加页面的吸引力和互动性	低饱和度的黄色＋红色
内容页1	1. 概述黄河三角洲的气候。 2. 体现黄河三角洲的重要性。 3. 介绍黄河三角洲的主要物种	1. 卡片式布局，竖排文字排版，区块化结构，让页面层次清晰易读，适当留白，从而提升视觉效果。 2. 突破出血，将元素突破出血排版，增加画面的视觉吸引力和冲击力，使之更有空间感	低饱和度的黄色＋红色
内容页2	1. 总结黄河的水质特点。 2. 阐明导致水资源时空分布不均的因素	1. 采用总分式结构，梳理信息的组织关系，提炼关键字。 2. 选用左右排列版式，图文结合，避免图片与文字的叠加干扰阅读，让文字信息更具有辨识度	低饱和度的黄色＋红色＋绿色

续表

名称	文案设计	布局方案	配色设计
内容页3	1. 探寻母亲河流域的现状。 2. 对母亲河的水质、生态系统等进行简要分析	选用并列排版，层次鲜明，用双线点缀，巧妙结合点、线、面来装饰页面，使页面灵活生动	低饱和度的黄色＋红色
内容页4	1. 制定保护措施。 2. 因地制宜，量水而行。 3. 统筹谋划，协同推进大治理	选用左对齐布局，让文字和内容在左侧对齐，符合汉字阅读习惯，提高信息的可读性，使页面看起来整齐统一，减少杂乱感，提升演示文稿的整体效果和阅读体验	低饱和度的黄色＋红色＋绿色
内容页5	保护母亲河战略布局： 1. 一带五区多点； 2. 一轴两区五极； 3. 多元纷呈、和谐相容	选择上下结构的版式布局，能够有效吸引注意力、传递信息并保持整体视觉平衡	低饱和度的黄色＋红色＋绿色
内容页6	发起倡议	选择左右结构布局，采用中国风卷轴式文字排版方法，结合整体风格，突出国风效果	低饱和度的黄色＋红色＋绿色
结束页	呼吁保护母亲河	1. 主题文字居中排列，文字大小有规律地变化。 2. 装饰字放于主题文字右上方。 3. 英文字放于主题文字左下方	以低饱和度的浅橘色为主色调，突出中国风

注：可根据自己的设计自由添加内容页。

（2）演示文稿的制作

1）制作封面页文字。

封面页主题的文字设计在一定程度上决定了演示文稿的传播效果。将主题文字错位摆放并调整字号大小，可以让文字更加错落有致；复制多层，增加文字的层次感，可以提升视觉冲击力，更好地突出主题。操作步骤如图1-5所示。

① 插入文本。
② 复制文本，颜色设置为浅橘色，增加文本轮廓宽度。
③ 为文字添加圆形装饰。
④ 调整文字大小。

图1-5   制作封面页文字

2）完成封面页制作。

为丰富、美化封面页，可以添加多个图形元素，突出"保护母亲河"主题，突显层次。添加山川、河流、仙鹤等素材图片作为装饰，突出中国风特色，营造出近实远虚的场景效果。操作步骤如图1-6所示。

① 添加圆形装饰，选取背景色。适当的线条装饰会增加页面的灵动性。
② 添加山川素材图片，并调整透明度，使页面更具层次感。
③ 添加河流和仙鹤素材图片，并放置于合适位置。

图1-6   制作封面页

拓展延伸

　　叠加多层文字是指两个或两个以上的文本错落放置，用这种方法制作文字效果，一来能让原本看不清的文字更清晰；二来可以让页面显得更有层次感和设计感。

3）制作目录页。

在制作演示文稿时，通常会在开头的部分加入目录页，帮助观众了解演示文稿的整体框架。目录页的设计要简洁，一目了然。一个好看的目录页通常由"目录文字"和"章节标题文字"两部分组成，只需采用最基本的（横向或纵向）排版方式即可，本项目中的目录页选择纵向左右排列，使用块面和线框元素作为装饰，让整个画面更加灵活。操作步骤如图1-7所示。添加符合中国风的山川、仙鹤等元素，增加页面的整体氛围感。在素材的摆放中，通过调整图片的透明度，体现近实远虚的空间感和延伸感。操作步骤如图1-8所示。

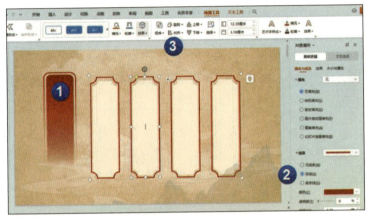

❶ 插入圆角矩形和缺角矩形，填充相应的颜色。

❷ 插入圆角矩形和缺角矩形边框，在"对象属性"选项卡中调整数值。

❸ 将相应的形状和边框水平居中和垂直居中对齐。为了使形状平均分布于页面中，使用横向分布。

图1-7　插入图形

❹ 插入竖排文本框，输入相应目录文字。

❺ 插入相应素材图片，调整大小和透明度，放于页面相应位置。

图1-8　制作目录页

4）制作过渡页。

本项目中过渡页的结构是上下布局，要使页面美观，方法之一是使文字之间形成对比，即文字之间要有粗细或字体、颜色等差别，这样才不会显得枯燥。而数字、标题等，就是利用了字体、粗细、字号三者之间的不同来营造氛围感。结合本项目中国风的特点，添加圆形装饰，既起到了突显标题的作用，又表现了朝阳升起的意境。三种颜色的圆叠加，提升了页面的层次感，页面中的山川、仙鹤元素起到了点睛的作用。操作步骤如图1-9所示。

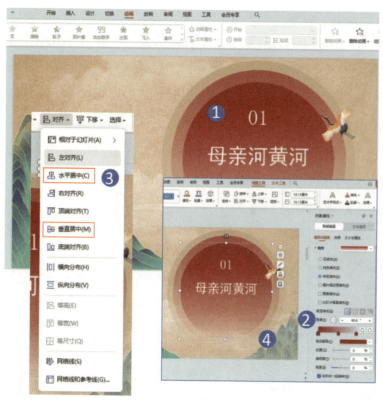

❶ 插入文本框，输入相应的数字和
　 文字，注意利用文字的大小和
　 字体的不同形成对比。

❷ 插入圆形，调整颜色和透明度。

❸ 调整文字和形状的对齐方式。

❹ 插入相应素材图片，调整透明度。

图 1-9　制作过渡页 1

根据以上步骤，完成 4 个过渡页的制作，效果如图 1-10 所示。

图 1-10　制作完成的 4 个过渡页

拓展延伸

过渡页的作用是承上启下，可以告诉观众接下来要演示的内容和当前的演示进度。一般来说，过渡页有两大要素：数字和标题。设计过渡页时，先对"数字＋标题"进行设计，再对其他部分进行美化，合理的搭配会让演示文稿瞬间得以升华。同时，还可以使用"文字图形化＋文字对比法"进行美化。此外，过渡页还应该区别于内容页。

5）制作内容页1。

内容页是演示文稿的主要构成部分，本页选用卡片式布局，左右结构。小标题"黄河生态"用缺角矩形作为背景，凸显中国风的风格。背景添加椭圆形，强调页面的主要内容。选择能突出表现黄河生态状况的图片，截取图片的局部细节，将元素突破出血排版，增加画面的视觉吸引力和冲击力，使之更有空间感。竖排文字和线段的使用起到了动态装饰效果。操作步骤如图1-11所示。

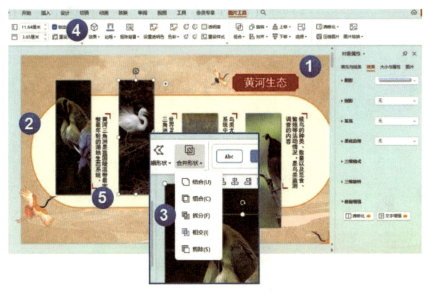

① 插入文本和缺角矩形。

② 单击菜单栏"插入"按钮，选择"形状"→"流程图"，置于合适位置。

③ 插入矩形和图片，选择"相交"选项。

④ 为矩形添加投影效果，增加页面层次感。

⑤ 插入竖排文本，插入"形状"→"基本形状"→"半闭框"。

图1-11 制作内容页1

6）制作内容页2。

内容页2选择左右布局，凸显黄河的水质特点这一主题内容，左边放置圆形黄河图片，将图片突破页面布局，使页面有一种延伸感，用圆形及圆形线条作为装饰，增加页面的层次感。右边页面内容区域使用长方形作为背景，文字沿着圆形边沿呈半圆形排列，突破常规，增加设计感。操作步骤如图1-12所示。

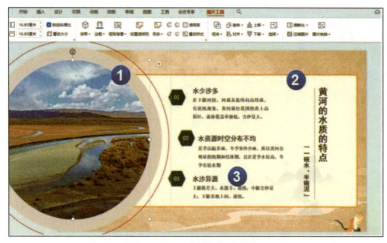

图 1-12   制作内容页 2

❶ 制作富有层次感的圆形，插入黄河图片素材。

❷ 背景插入矩形，插入山的图片素材，调整透明度。

❸ 插入文本，调整文本大小及排列布局。

7）制作内容页 3。

内容页 3 选择左右布局，使用色块衬底的方法，精简提炼内容文字，用线框将主要文字框住，这既起到了突出重点的作用，又使线条给页面带来了层次感。竖排文字的使用与主题相互辉映，文字下面的圆形图片作为装饰让画面更加灵动。留白是分割和安排不同设计元素的关键，可以让设计平衡有序。操作步骤如图 1-13 所示。

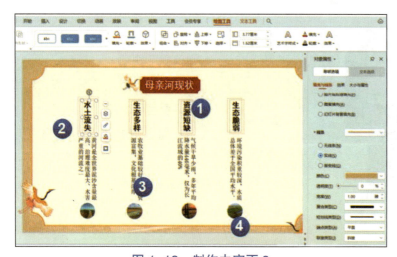

图 1-13   制作内容页 3

❶ 插入缺角矩形作为背景，制作主题文字。

❷ 用矩形的描边制作双线装饰，插入竖排文本框，输入相应文字。

❸ 插入竖排文本框，输入相应内容文字。

❹ 插入图片和圆形，打开选择窗格，先选择图片，再选择圆形，选择"绘图工具"→"合并形状"→"相交"，制作圆形图片装饰。

8）制作内容页 4。

内容页 4 选择左右布局，本页中文字较多，需要抓住重点，精简内容，通过添加装饰和衬底突出重点文字，并添加适当的点线装饰，增加页面的设计感和层次感。操作步骤如图 1-14 所示。

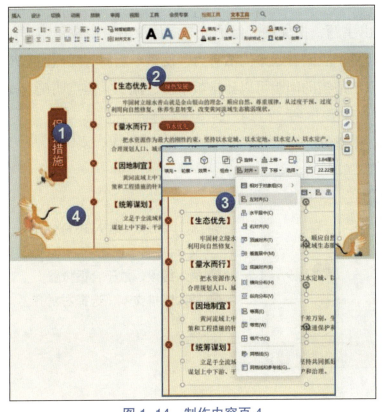

图 1-14　制作内容页 4

① 插入缺角矩形作为背景，制作主题文字。

② 提炼关键字，为关键字设置衬底。

③ 输入主要内容，选中所有文字设置为左对齐和纵向分布对齐。

④ 单击"插入"按钮，选择"形状"→"线段"，以及"形状"→"流程图"→"汇总连接"，作为装饰。

9）制作内容页 5。

内容页 5 选择上下布局，排列曲线、直线及块面达到视觉平衡。本页大致被划分为上下两部分，通过对比、对齐，使文字部分不显凌乱，中间用红色缺角矩形设置大标题的内容。三张图片整齐排列，以一条浅浅的直线作为界限。操作步骤如图 1-15 所示。

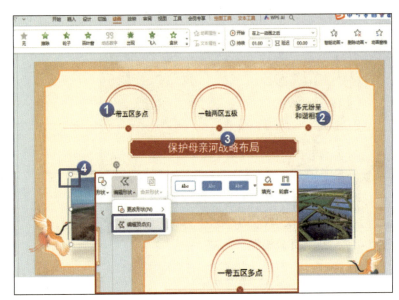

图 1-15　制作内容页 5

① 插入圆形描边，在"对象属性"选项卡中设置透明度，达到渐变效果。

② 插入横向文本，再插入"形状"→"线段"，最后插入"形状"→"流程图"→"汇总连接"，作为页面装饰，并设置合适的透明度。

③ 制作标题，插入缺角矩形以及描边效果。

④ 插入矩形，通过编辑顶点，改变矩形的形状，选择"合并形状"→"相交"，载入图片。

10）制作内容页 6。

内容页 6 选择左右布局，为了突出主题，把标题"保护母亲河倡议书"用缺角矩形衬底，放于页面中间。文字的对齐可以让整个版面看起来简洁有力，使整个版面有强烈的系统性效果，维持了画面的协调性和规整性。适当的间距可以让排版平衡、流畅、焦点明确。操作步骤如图 1-16 所示。

❶ 制作标题，插入缺角矩形和文本。

❷ 插入线段，放于合适位置。

❸ 插入竖排文本，选择右对齐。

图 1-16　制作内容页 6

11）制作结束页。

结束页的设计可以使用封面页的版式，把内容改成号召语。效果如图 1-17 所示。

图 1-17　结束页效果图

5.项目总结

（1）过程记录

根据实际情况填写如表 1-3 所示的过程记录表。

表 1-3　过程记录表

序号	内容	思考及解决方法
1		
2		
3		
4		
5		

（2）能力提升与收获

6. 项目评价

项目结束后填写如表 1-4 所示的项目评价表。

表 1-4　项目评价表

内容	评分	小组评价	教师评价
项目分析（10分）			
项目实施（60分）			
项目总结（10分）			
知识运用（10分）			
小组合作（10分）			
合计			

拓展 1　制作中华大熊猫演示文稿

效果展示

技能探照灯

在本拓展项目中，你将尝试进行文本的编辑，并进行版面设计。你需要熟练掌握以下的技能：
- 📹 1　设置页面尺寸
- 📹 10　绘制曲线
- 📹 23　大段文字排版
- 📹 25　图片排版

1. 项目背景

在过去的 40 年间，大熊猫的野外种群数量从约 1100 只增加到近 1900 只。根据《中国的生物多样性保护》白皮书的记录，大熊猫的受威胁程度从"濒危"降为"易危"。这些数据反映了我国在保护大熊猫方面取得的成就，也体现了野生动物栖息空间不断扩大、种群数量不断增加的令人欣慰的局面。大熊猫濒危程度的"降级"，证实了我国在生态环境保护方面取得的"升级"。

2. 项目目标

1）了解生物多样性的内涵，增强保护生物多样性的意识。

2）宣传保护熊猫的知识，增强保护生态环境的意识。

3）掌握演示文稿中的绘图方法和增加视觉层次感的技巧。

中华大熊猫演示文稿如图 1-18、图 1-19、图 1-20 所示。

图 1-18　中华大熊猫演示文稿封面页

图 1-19　中华大熊猫演示文稿目录页

图 1-20　中华大熊猫演示文稿样片展示

3. 项目分析

1）行业分析：5月22日是国际生物多样性日。生物多样性是人类赖以生存和发展的基础，是地球生命共同体的血脉和根基。山川河流、万千草木、珍禽异兽，都展现着中国之美，而大熊猫作为中国特有的动物和"活化石"，其存在及研究的意义重大。

2）技术可行性：绘制曲线；提炼文字，排版文字。

3）预期效果：本演示文稿将通过丰富的图片、直观的数据和生动的讲解，全方位展示中华大熊猫的生存现状、生态习性及保护意义。通过精美的视觉设计与合理的动画效果，提高观众的兴趣与参与感，使内容更加生动易懂。多媒体元素的运用将增强演示文稿的互动性和传播力，让观众在欣赏国宝风采的同时，加深对大熊猫保护工作的理解和关注，进一步提升野生动物保护意识。

学思践悟

大熊猫是中国独特的生态象征，承载着丰富的生物多样性价值。了解其生存环境、保护措施及科研成果，感受人与自然的紧密联系。

4. 项目实施

（1）演示文稿的设计

1）需求分析。分析客户需求，填写如表1-5所示的客户需求分析表。客户需求分析内容包括以下五方面。

①确定目标人群。

②确定设计风格。

③确定色彩搭配。

④确定主要内容。

⑤确定版面比例。

表1-5　客户需求分析表

项目名称	制作中华大熊猫演示文稿
目标人群	
设计风格	
色彩搭配	
主要内容	
版面比例	

2）内容规划。根据客户需求分析，进行演示文稿的内容规划，包括文案材料和图片素材的收集整理，绘制演示文稿内容规划的思维导图。

3）版式设计。根据客户需求并结合演示文稿的内容规划，为演示文稿绘制版式设计草图，确定页面布局和配色方案，并填写如表 1-6 所示的版式设计方案表。

表 1-6   版式设计方案表

名称	文案设计	布局方案	配色设计
封面页			
目录页			
过渡页			
内容页 1			

续表

名称	文案设计	布局方案	配色设计
内容页 2			
内容页 3			
内容页 4			
内容页 5			
内容页 6			
结束页			

注：可根据自己的设计自由添加内容页。

（2）演示文稿的制作

素材搜集→编辑排版→预演调试。

5. 项目总结

（1）过程记录

根据实际情况填写如表1-7所示的过程记录表。

表1-7　过程记录表

序号	内容	思考及解决方法
1		
2		
3		
4		
5		

（2）能力提升与收获

6. 项目评价

项目结束后填写如表1-8所示的项目评价表。

表1-8　项目评价表

内容	评分	小组评价	教师评价
项目分析（10分）			
项目实施（60分）			
项目总结（10分）			
知识运用（10分）			
小组合作（10分）			
合计			

项目 **2** 制作城市宣传演示文稿

效果展示

1. 项目背景

城市宣传是塑造城市形象和品牌推广的重要手段之一。通过宣传，人们可以了解到城市的自然风光、历史文化、经济发展等方面的信息，从而建立起对城市的好感和认同感。同时，宣传还能吸引各类人才、资金和资源的流入，推动城市的经济发展和社会进步。本项目以介绍济南为例，从简介、旅游景点、美食特色三方面入手，让大众感受到济南是值得一游的城市，想更多地了解它独特的自然景观、丰富的历史文化、多样的美食文化和淳朴热情的人民。无论是想探究历史文化、感受人文风情，还是想探寻自然风光、品尝美食，济南都能给人带来别样的体验。

2. 项目目标

1）演示文稿的设计符合"城市宣传"的主题思想。

2）演示文稿的内容选取合理，在深入了解城市的基础上深挖城市的独有特色。

3）演示文稿具有设计特色，页面布局美观、色彩和谐。

城市宣传演示文稿如图 2-1、图 2-2、图 2-3 所示。

图 2-1　城市宣传演示文稿封面页

图 2-2　城市宣传演示文稿目录页

图 2-3　城市宣传演示文稿样片展示

3. 项目分析

1）行业分析：城市宣传演示文稿是城市形象塑造和品牌推广的重要工具，随着城市化进程的加速和全球竞争的加剧，对城市宣传演示文稿的需求日益增长。

2）国家政策：党的二十大报告提出，坚持以文塑旅、以旅彰文，推进文化和旅游深度融合发展。通过制作城市宣传演示文稿，推进重点文旅项目建设，挖掘本土民俗文化底蕴，多点发力擦亮文旅品牌。

3）技术可行性：对象属性，特性设置，美化排版；不规则形状图片，增强设计感与独特性；色彩统一有韵味。

4）预期效果：本演示文稿将以生动的视觉效果、详实的数据和多媒体互动，全方位展现泉城济南的独特魅力。内容涵盖济南的历史文化、泉水景观、宜居环境及特色美食，展现其作为"泉城"的独特风貌。通过精美的设计与流畅的演示逻辑，使观众直观感受济南的自然风光与现代活力，增强宣传效果，让观众深入了解济南，激发旅游、投资和文化交流的兴趣，助力城市品牌推广。

学思践悟

城市不仅是经济发展的载体，更承载着独特的历史文化和人文魅力。探索城市特色，挖掘历史底蕴，感受城市发展的脉络与活力。

4. 项目实施

（1）演示文稿的设计

1）需求分析。分析客户需求，填写如表 2-1 所示的客户需求分析表。客户需求分析内容包括以下五方面。

①确定目标人群。

②确定设计风格。

③确定色彩搭配。

④确定主要内容。

⑤确定版面比例。

表 2-1　客户需求分析表

项目名称	制作城市宣传演示文稿
目标人群	游客、旅行社及媒体、投资者、企业家等
设计风格	中国风
色彩搭配	以代表泉水的蓝色为主色调，灰色和黄色为辅助色
主要内容	培养城市宣传意识，增强文化自信
版面比例	16：9

2）内容规划。根据客户需求分析，进行演示文稿的内容规划，包括文案策划和图片素材的收集整理，绘制演示文稿内容规划的思维导图，如图2-4所示。

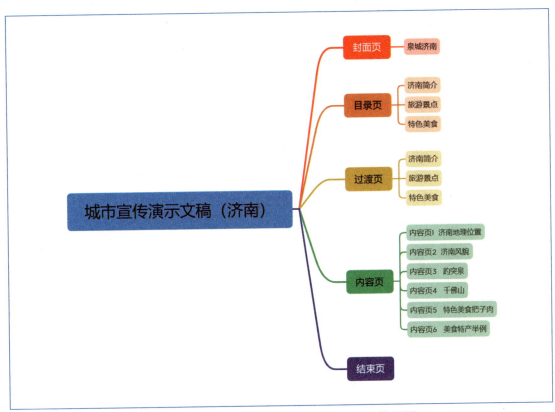

图2-4 城市宣传演示文稿内容规划思维导图

3）版式设计。根据客户需求并结合演示文稿的内容规划，为演示文稿绘制版式设计草图，确定页面布局和配色方案，并完善如表2-2所示的版式设计方案表。

表2-2 版式设计方案表

名称	文案设计	布局方案	配色设计
封面页	1. 封面页文案设计考虑简明扼要，具有吸引力，并与主题相关。 2. 用于城市宣传或者区域宣传的演示文稿的封面页，一般会包含图片。可以通过网络搜索一些和济南相关的图片。以地标性建筑为佳	1. 主题字：通常放在封面页的视觉中心位置，使用较大字号或加粗字体，突出并确保主题字清晰易读。 2. 装饰印泥：用来补充主题字，围绕主题字适当放置。为幻灯片增添视觉效果，使其更加美观，但不要过分花哨，以免影响整体简洁度和专业感	以代表泉水的蓝色为主色调

续表

名称	文案设计	布局方案	配色设计
目录页	1.目录页的主题应与城市宣传紧密相关，能够引导观众理解整个幻灯片的主题和内容。 2.目录页的内容应简洁明了，突出重点，避免冗余和复杂的表述。 3.目录页的设计应美观大方，颜色、字体、图片等元素应协调统一，符合视觉审美标准	1.目录的层次结构：根据内容结构，将主要章节和子章节进行合理的层次划分，使目录呈现清晰的结构。 2.使用标示符：使用符号、数字或字母等标记各级目录，易于观众理解。 3.标题样式：应与正文保持一致，包括字体、大小、颜色等，以确保整体一致性。 4.使用视觉元素：可以适当使用一些视觉元素，如线条、背景色块等，突出目录，并使其更加吸引人。 5.控制字数和长度：每个项目应尽量控制在一或两行的长度，避免过长导致排版混乱	低饱和度的黄色
过渡页	1.与演示文稿主题一致，形成衔接。 2.引发兴趣，激发观众好奇心。 3.简单易读，避免使用复杂术语	1.根据具体需求和设计风格，选择合适的布局方案，包括居中布局、左右分栏布局、上下分区布局和网格布局等。 2.考虑内容的呈现效果和观众的阅读习惯，可以适当运用动画效果或吸引人的视觉元素，增加页面的吸引力和互动性	冷色调蓝色 + 白色
内容页1	1.概述济南的地理位置。 2.介绍济南的简称	在演示文稿中采用上下布局，上面是文字内容，下面是图片的设计，是一种常见的且有效的布局方式。这种布局方式有助于清晰地呈现信息，同时保持视觉上的平衡和吸引力	冷色调蓝色
内容页2	1.介绍济南面积。 2.介绍济南悠久的历史文化底蕴。 3.介绍济南因泉而闻名	1.采用总分式结构，梳理信息组织关系，提炼关键字。 2.选用左右排列版式，图文结合，避免图片与文字的叠加干扰阅读，让文字信息更具有辨别性	低饱和度的黄色 + 蓝色

名称	文案设计	布局方案	配色设计
内容页 3	1. 展示天下第一泉"趵突泉"的图片。 2. 趵突泉简介	选用左右布局使观众的视线在左右两侧交替移动，有助于增强记忆效果。这种布局方式可以引导观众按照设计者的意图逐步了解信息，从而加深记忆	低饱和度的黄色 + 红色
内容页 4	1. 展示千佛山美景。 2. 千佛山简介	选用全屏式布局，可以用图片铺满整个画面，再把文字排列在上下或者左右、中心的位置，营造一种大气磅礴的感觉	冷色调蓝色 + 灰色
内容页 5	1. 特色美食。 2. 把子肉图片和文字介绍	选择左右结构的版式布局，图片在左侧，文字在右侧并左对齐，这样能够有效吸引注意力、传递信息并保持整体视觉平衡	低饱和度的黄色 + 灰色
内容页 6	美食特产	选择左右结构布局，选取济南特色美食和特产图片进行展示，结合整体风格，突出国风效果	低饱和度的黄色 + 灰色
结束页	济南城市印象	1. 主题文字靠左排列，文字大小统一。 2. 城市图片放置在文字右侧	
注：可根据自己的设计自由添加内容页。			

（2）演示文稿的制作

1）制作封面页文字。

封面页的字体设计应该与主题相符合，这样会更能吸引观众的注意力。对于城市宣传类主题，封面字体应该稳重、简单。添加投影，可增加文字的层次感，提升视觉冲击力，更好地突出、强调主题。

为了使整个页面更加美观，可以为文字添加印章装饰。操作步骤如图 2-5 所示。

❶ 插入文本。

❷ 插入背景图片 1、白云素材图片和印章素材图片。

❸ 为主标题"泉城济南"设置文本阴影效果。

图 2-5   制作封面页文字

2）完成封面页制作。

为丰富、美化封面页页面，可以添加多个图形元素，突出"泉城济南"主题，凸显层次。添加白云素材图片作为装饰，并复制多层放置在封面页上方，凸显主题文字。操作步骤如图 2-6 所示。

❶ 添加白云装饰，放置到封面页上方、标题下方。

❷ 复制多层，并调整透明度，使页面更具层次感。

图 2-6   制作封面页

3）制作目录页。

目录页展示的是演示文稿的框型和结构，有吸引力的目录页不仅有清晰的逻辑框架，还能让人眼前一亮。一个好看的目录页通常由"目录文字"和"章节标题文字"两部分组成，只需采用最基本的（横向或纵向）排版方式即可。本项目中的目录页选择纵向左右排列，使用块面和线框元素作为装饰，让整个画面更加灵活。操作步骤如图 2-7、图 2-8 所示。背景采用低透明度的城市风貌照片，提升页面整体氛围。效果如图 2-9 所示。

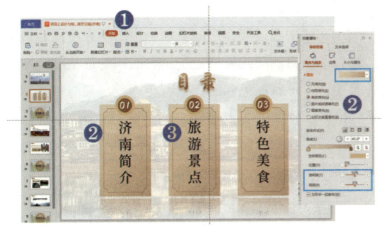

图 2-7　插入图形

❶ 插入背景图片 2，插入 3 个大小不同的圆形，填充相应的颜色。

❷ 插入矩形，在"对象属性"选项卡中调整颜色和透明度。

❸ 插入缺角矩形，放置在矩形上层，大小比矩形小，调整颜色，设置为"无填充"。

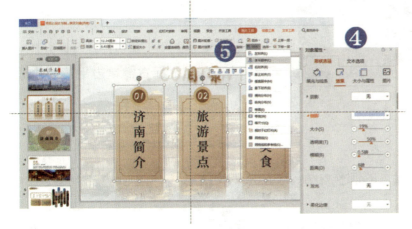

图 2-8　添加投影

❹ 为矩形添加投影效果。

❺ 将相应的形状和边框水平居中和垂直居中。为了使形状平均分布于页面中，使用横向分布。

图 2-9　目录页效果图

4）制作过渡页。

过渡页，顾名思义，就是在整个演示文稿中起过渡作用的页面，主要用在不同章节不同板块的内容之间，起到分隔的作用。结合本项目的简约风格，利用大面积的形状配合图片及装饰图案，该页就会显得简洁大气并且美观，形状颜色和图片中有相近色，又与整个演示文稿色调统一，可以提升页面的层次感。操作步骤如图2-10所示。

❶ 插入背景图片3，设置阴影参数。

❷ 插入和图片大小一样的矩形，放置在图片右下角，设置阴影参数。

❸ 插入文字和三角形，设置颜色。

❹ 插入平行四边形，设置为黑色，用鼠标右键单击平行四边形，选择"编辑顶点"选项，调整至所需状态，再复制一个，并列摆放在文字右上方。

图 2-10   制作过渡页 1

根据以上步骤，完成3个过渡页的制作，效果如图2-11所示。

图 2-11   制作完成的 3 个过渡页

5）制作内容页1。

内容页是演示文稿的主要构成部分，内容页1选用上下布局，上部分内容要突出重点，标题清晰简洁。"济南简介"用渐变矩形作为背景，同时利用双色圆形强调章节序号。字体大小要与正文区分开来，这样可以让观众一眼就看到主要信息。下部分内容选择突出表现济南热闹街市的图片，截取图片的局部细节，用来强化上部分的内容，增加画面视觉吸引力和冲击力，使之更有空间感。设置不同大小的文字和线段的动态装饰。操作步骤如图2-12所示。

❶ 插入大小不同的两个圆形叠放在一起，设置成所需的颜色。

❷ 在圆形旁边插入一条和最大圆的直径一样宽的矩形，矩形设置渐变色。

❸ 输入各段文字，设置不同字号。

❹ 插入济南简介素材图片1，放置在页面最下方。

图 2-12 制作内容页 1

6）制作内容页 2。

内容页 2 小标题部分与内容页 1 一致，本页选用卡片式布局，左右结构，文字内容部分用三个缺角矩形作为背景，分别采用渐变线条和形状填充两种方式。在多图形中插入济南地标性建筑的夜景图，用一些不规则的形状去提高版面的新颖性。操作步骤如图 2-13 所示，制作完成后效果如图 2-14 所示。

❶ 根据制作内容页 1 时所学方法制作小标题。

❷ 插入缺角矩形，设置参数，输入文字并设置字体字号。

❸ 插入圆角矩形，单击其上菱形图标拖曳至中心线，调整圆角弧度，复制多个，错落摆放。

❹ 选中所有圆角矩形，选择"组合"选项。用鼠标右键单击组合图形，选择"填充"选项，选择济南简介图片素材 2 填充。

图 2-13 制作内容页 2

图 2-14 内容页 2 效果图

拓展延伸

　　演示文稿制作中通过组合和合并形状来绘制图片，不仅提升了设计的灵活性和创新性，使演示文稿更具个性化和视觉冲击力，还简化了制作流程，提高了工作效率。这种方法能够直观地呈现信息，增强观众的理解和记忆，是提升演示效果的有效手段。

　　7）制作内容页 3。

　　内容页 3 选择左右布局，用线框将主要文字框住，起到突出重点的作用。需要注意保持图片与文字之间的平衡和协调。处理后的图片应该与文字内容相契合。通过俯拍和平拍两张照片展现趵突泉的清澈与活力。操作步骤如图 2-15 所示。

❶ 根据制作内容页 1 时所学方法制作小标题。

❷ 插入矩形边框，在边框内输入相应文字并设置字体字号。

❸ 插入旅游景点素材图片 1 和 2，摆放在合适的位置，并设置阴影效果。

图 2-15　制作内容页 3

　　8）制作内容页 4。

　　内容页 4 采用上下布局，上面是文字内容，下面是图片的设计，是一种常见的且有效的布局方式。这种布局方式有助于清晰地呈现信息，同时保持视觉上的平衡和吸引力。操作步骤如图 2-16 所示。

❶ 根据制作内容页 1 时所学方法制作小标题。

❷ 输入各段文字，设置不同字号。

❸ 插入旅游景点素材图片 3，放置在页面最下方。

图 2-16　制作内容页 4

　　9）制作内容页 5。

　　内容页 5 选择左右布局，左边插入一张图片，加上矩形框后输入标题，而右边的正文部分则加以色块衬底辅助，使页面不仅可读性增强，而且更显生动。操作步骤如图 2-17 所示。

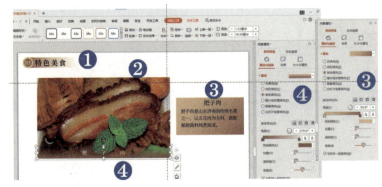

① 根据制作内容页 1 时所学方法制作小标题。

② 插入特色美食素材图片 1，调整位置和大小。

③ 插入矩形并输入文字，填充矩形并设置渐变参数。

④ 在图片下方插入渐变矩形，输入文字并设置参数。

图 2-17　制作内容页 5

10）制作内容页 6。

内容页 6 选择左右布局，选择济南具有代表性的美食及特产图片，配以文字说明，通过对比、对齐，确保整个设计看起来平衡且协调。左侧的图片和右侧的图片之间应该有足够的空间，避免任何一边过于拥挤或空旷。操作步骤如图 2-18 所示。

① 根据制作内容页 1 时所学方法制作小标题。

② 插入特色美食及特产素材图片 2、3 和 4，调整位置和大小。

③ 在图片下方插入渐变矩形，输入对应文字，设置参数。

图 2-18　制作内容页 6

11）制作结束页。

在结束页插入结束页素材图片，文字内容为感谢语。效果如图 2-19 所示。

图 2-19　结束页效果图

5. 项目总结

（1）过程记录

根据实际情况填写如表 2-3 所示的过程记录表。

表 2-3 过程记录表

序号	内容	思考及解决方法
1		
2		
3		
4		
5		

（2）能力提升与收获

6. 项目评价

项目结束后填写如表 2-4 所示的项目评价表。

表 2-4 项目评价表

内容	评分	小组评价	教师评价
项目分析（10 分）			
项目实施（60 分）			
项目总结（10 分）			
知识运用（10 分）			
小组合作（10 分）			
合计			

拓展 2　制作农产品品牌推广演示文稿

效果展示

1. 项目背景

随着互联网的发展，品牌推广变得越来越重要。在这个竞争激烈的市场上，企业需要制定正确的品牌推广策略来提高品牌知名度和销售额。其中，演示文稿作为一种简洁、高效的展示工具，是企业用于品牌推广的不二选择。

2. 项目目标

1）了解质量意识和工匠精神，品牌是质量、服务与信誉的重要象征，以匠心铸精品、以质量树品牌。

2）了解品牌推广的整体流程和技巧。

3）掌握演示文稿中的绘图方法和增加视觉层次感的技巧。农产品品牌推广演示文稿如图 2-20、图 2-21、图 2-22 所示。

图 2-20　农产品品牌推广演示文稿封面页

图 2-21　农产品品牌推广演示文稿目录页

图 2-22　农产品品牌推广演示文稿样片展示

3. 项目分析

1）行业分析：农产品品牌建设是农业发展的重要驱动力，对于提高农产品质量和附加值、增强市场竞争力、保障消费者权益及促进农业产业升级都具有积极作用。农产品品牌化势在必行，我们必须从全局出发，综合谋划，转变观念，充分树立农产品品牌意识。

2）技术可行性：绘制曲线；提炼文字，排版文字。

3）预期效果：本演示文稿将介绍农产品品牌推广的现状与发展趋势。内通过数据统计、案例展示和多媒体互动，使观众深入了解农产品营销的挑战与机遇。合理运用图片、动画和视频增强宣传效果，提高观众的理解度和参与感，为农产品品牌塑造、市场拓展和销售转化提供有力支持。

学思践悟

　　乡村振兴背景下，农产品品牌化成为产业升级的重要方向。了解品牌塑造方式，分析市场趋势，感受农业现代化的发展潜力。

4. 项目实施

（1）演示文稿的设计

1）需求分析。分析客户需求，填写如表2-5所示的客户需求分析表。客户需求分析内容包括以下五方面。

①确定目标人群。

②确定设计风格。

③确定色彩搭配。

④确定主要内容。

⑤确定版面比例。

表2-5　客户需求分析表

项目名称	制作农产品品牌推广演示文稿
目标人群	
设计风格	
色彩搭配	
主要内容	
版面比例	

2）内容规划。根据客户需求分析，进行演示文稿的内容规划，包括文案材料和图片素材的收集整理，绘制演示文稿内容规划的思维导图。

3）版式设计。根据客户需求并结合演示文稿的内容规划，为演示文稿绘制版式设计草图，确定页面布局和配色方案，并填写如表 2-6 所示的版式设计方案表。

表 2-6　版式设计方案表

名称	文案设计	布局方案	配色设计
封面页			
目录页			
过渡页			
内容页 1			

名称	文案设计	布局方案	配色设计
内容页 2			
内容页 3			
内容页 4			
内容页 5			
结束页			

注：可根据自己的设计自由添加内容页。

（2）演示文稿的制作

素材搜集→编辑排版→预演调试。

5.项目总结

（1）过程记录

根据实际情况填写如表 2-7 所示的过程记录表。

表 2-7　过程记录表

序号	内容	思考及解决方法
1		
2		
3		
4		
5		

（2）能力提升与收获

6.项目评价

项目结束后填写如表 2-8 所示的项目评价表。

表 2-8　项目评价表

内容	评分	小组评价	教师评价
项目分析（10分）			
项目实施（60分）			
项目总结（10分）			
知识运用（10分）			
小组合作（10分）			
合计			

项目 ③ 制作营销岗位述职报告演示文稿

效果展示

技能探照灯

通过对本项目的学习，你将学会如何进行形状绘制、添加动态效果。对应技能点操作视频:

- 📹8 合并形状（布尔运算）
- 📹9 编辑顶点、开放路径
- 📹14 文字图片填充
- 📹19 组合图表
- 📹26 设置毛玻璃效果（图片虚化效果）

1. 项目背景

述职报告是一种汇报工作业绩和成果的方式，它能帮助个人总结工作中取得的成绩和遇到的问题，并向领导和团队成员展示个人的价值和能力。营销岗位年终述职报告注重事实和数据，通过总结工作成果、归纳经验教训，可以向领导展示工作量和业绩，发现问题并探索解决方法，以及明确日后的定位和发展方向。一份精彩的述职报告是个人职业生涯的重要组成部分，不仅能够总结工作成果和经验教训，还可以为个人定位与发展规划提供指引，有助于建立个人与领导之间的紧密合作和沟通，推动个人与团队的持续进步，承载着个人对于未来的展望和追求，同时也是个人职业发展和取得卓越业绩的有力保证。

2. 项目目标

1）演示文稿的框架设计符合营销岗位述职报告的主题。

2）使用清晰的图表、表格，突出重要信息和数据。

3）演示文稿布局和排版合理，确保整体风格一致。

营销岗位述职报告演示文稿如图 3-1、图 3-2、图 3-3 所示。

图 3-1 营销岗位述职报告演示文稿封面页

图 3-2 营销岗位述职报告演示文稿目录页

图 3-3 营销岗位述职报告演示文稿样片展示

3. 项目分析

1）行业分析。

"十四五"时期，党中央、国务院部署建设技能型社会，实施技能提升行动及新时代人才强国战略，急需加强创新型、应用型、技能型人才培养，壮大高技能人才队伍。产业转型升级、技术进步对劳动者技能素质提出了更高要求，而人才培养、培训不能适应市场需求的现象进一步加剧。营销岗位人员采用传统的报表和叙事式汇报，已经难以清晰地展示业绩与成果。制作述职报告演示文稿，可以更加明确和直观地展示个人或团队在市场推广、销售策略等方面的成绩和贡献，提升认可度和影响力，同时培养表达、组织和思维能力，为个人在职业生涯中创造更多成功机会。

2）国家政策。

中央网络安全和信息化委员会印发《提升全民数字素养与技能行动纲要》，对提升全民数字素养与技能作出安排部署，提出2035年基本建成数字人才强国，全民数字素养与技能等能力达到更高水平。述职对于每个人来说都是一个重要的自我评估和总结的机会，因此，学会制作述职报告演示文稿是从业人员的必备技能之一。

3）技术可行性。

①通过合理布局文本、图像和其他元素，提升视觉吸引力。

②合适的配色、规范的字体使用和统一的风格，可以提升观众的信任度并增加好感。

③精心设计的版式布局更具专业性。

4）预期效果。

通过合适的排版、图表和文字叙述，营销人员可以更清晰、简洁地传递产品特点、核心价值及市场需求等信息，从而提升沟通能力、创意思维能力以及策划能力，有助于其在市场推广、年度述职等活动中更有效地表达信息、执行策略并取得成功。

学思践悟

营销岗位需要结合数据、市场分析与策略优化。回顾工作成果，总结经验教训，思考市场变化带来的新机遇与挑战。

4. 项目实施

（1）演示文稿设计

1）需求分析，具体包括以下五个方面。

①了解目标人群。

目标人群是演示文稿展示面向的人群，如营销岗位的工作人员等。

②明确设计风格。

明确客户希望以何种风格呈现演示文稿。

③确定演示文稿的色彩搭配。

确定客户对于演示文稿颜色搭配、字体选择、排版布局等方面的要求，以确保与客户企业的形象和品牌保持一致。

④规划主要内容，制定大纲。

通过系统地分析客户对主要内容的要求，可以在制作营销岗位述职报告演示文稿时，更好地满足客户的期望，提高项目质量和效果。

⑤确定版面比例。

填写如表 3-1 所示的客户需求分析表。

表 3-1　客户需求分析表

项目名称	制作营销岗位述职报告演示文稿
目标人群	企业管理者、投资者等
设计风格	商务风
色彩搭配	以雾霾蓝为主色调，白色、灰色、草绿色作为辅助色搭配，以增加对比度、稳重感，提升整体视觉效果
主要内容	年度工作总结与目标展望
版面比例	16：9

2）内容规划。根据客户需求分析目标受众、主题及核心信息、结构及流程、内容创意及设计、数据及支撑案例、语言表达和交流技巧、时间控制和讲述风格等，绘制思维导图，如图 3-4 所示。

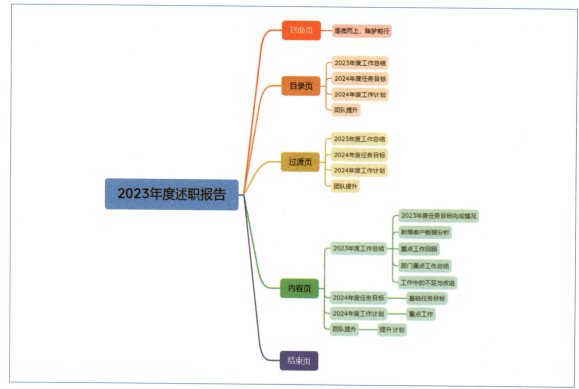

图 3-4　2023 年度述职报告演示文稿内容规划思维导图

3）版式设计。根据前期客户需求分析和内容规划，完善如表 3-2 所示的版式设计方案表。

表 3-2 版式设计方案表

名称	文案设计	布局方案	配色设计
封面页	1. 主题和目的：设计应准确表达述职报告的主题和目的，使观众能迅速了解报告的内容和目标。 2. 创意与吸引力：主题文案要有吸引力，能引起观众的兴趣	1. 字体选择：选择合适字体，符合封面页整体风格，并保证字体清晰可读。 2. 图片插入与选择：可在封面页中插入相关的图片，以突出主题或传递重要信息。确保图片清晰，并与整体设计相融合	以雾霾蓝为主色调，突出商务风
目录页	1. 简洁明了：目录页的文案应简洁、清晰地展示报告的结构和内容。 2. 逻辑顺序：要考虑报告的逻辑顺序，确保目录页的条目顺序与报告内容的顺序一致	1. 图文结合布局：插入相关的图片或图标，并将章节标题放置在图片上方。增加视觉吸引力，使目录页更具个性。 2. 层次分明：使用不同字号或颜色展示层次结构。例如，较大字号显示主章节主题，较小字号显示子章节主题。 3. 考虑整体风格：目录页的布局与整个报告的风格要协调一致，保持统一的配色方案和字体选择	以蓝色和绿色调风景照片为主，提升视觉吸引力
过渡页	1. 主题和目标：确保文案与报告目录顺序一致，文案能清晰传达主题，并帮助观众了解当前演讲的内容重点。 2. 简洁明了：使用简明扼要的语言来呈现关键信息，以便观众能够快速理解	1. 强调关键词：通过使用粗体、不同颜色或加亮等方式来强调关键词，确保关键词在过渡页中清晰可见。 2. 图片和图标：选择与主题相关且高质量的图片和图标，增强表现力。 3. 良好的转场效果：选择合适的动画效果，增强画面的视觉效果	蓝色和白色系为主
内容页 1~5	2023 年度工作总结	1. 表格布局：可以将大量数据或信息整理成易于理解的形式，从而提高信息传达效果。 2. 简洁直观：用表格呈现信息的方式简洁直观，使观众可以迅速获取到重要的关键信息，帮助他们更好地理解报告内容，增强视觉效果，提高报告的吸引力和可读性。 3. 强化主题：通过循环播放的方式展示相关图片，可以持续强化述职报告的主题和核心信息	蓝色为主、绿色为辅，提升对比度和可读性

续表

名称	文案设计	布局方案	配色设计
内容页6	2024年度基础任务目标	采用表格式结构，梳理各项数据，让目标更加一目了然	蓝色为主、绿色为辅，提升对比度和可读性
内容页7	2024年度重点工作梳理	选用上下式版面布局，通过在大字标题上使用醒目的字体、颜色等设计手段，引起观众的注意，帮助观众快速抓住重点。而下方的详细内容则提供了进一步的解释和支持，帮助观众深入理解	蓝色为主，白色为背景，提升对比度
内容页8	2024年度团队提升计划	1. 信息对比明显：左右式布局将页面分为左右两个区域，左侧区域可以用于呈现主要的内容或大图，右侧则可以用于展示相关的说明、文字或图表。 2. 可视性和可读性高：左右式布局有利于提高信息的可视性和可读性	蓝灰色调为主，更具商务风
结束页	强化主题	结束页的设计应简洁、清晰，突出主题和亮点，使述职报告的结束页更加有吸引力和可读性	以雾霾蓝为主色调，突出商务风

注：可根据自己的设计自由添加内容页。

（2）演示文稿的制作

1）插入背景图片。

封面页背景图片能够增强视觉冲击力，吸引观众的注意力，并与主题内容相呼应，提升整体设计的美感。同时，背景图片也可以用来传达情感、营造氛围，丰富封面页的表现力，进一步引起观众的兴趣和好奇心。操作步骤如图3-5所示。

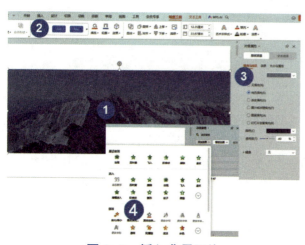

❶ 插入背景图片。
❷ 绘制两个白色矩形，对图片进行裁切。
❸ 绘制矩形，并调整透明度，置于图片上方。
❹ 添加"放大/缩小"动画效果。

图3-5　插入背景图片

2）制作封面页文字。

封面页主题文字能够传达主题信息，展示品牌形象，引导观众对内容的期望，在一定程度上决定了演示文稿的传播效果。

为突出主题，选用"方正字迹—龙吟体"字体，通过字号调整，让主题更加显著。操作步骤如图 3-6 和图 3-7 所示。

图 3-6　主题文字设置

① 输入主题文字，设定字体、字号和色彩。

② 绘制直线。

③ 输入其他文字，设定字体、字号和色彩。

图 3-7　制作封面页主题文字

3）制作目录页。

作为整个演示文稿的导航栏，目录页可以让观众清晰地了解整个演示的结构和内容。本项目划分为 4 个模块，目录页应突出演示的框架和结构，再利用背景图片的插入帮助观众明确各个部分之间的关系和逻辑顺序，使其更好地跟随演示的思路，抓住主线，避免产生误解或困惑。目录页制作步骤如图 3-8 所示。

① 插入背景图片，调整大小并放置在适当的位置。

② 绘制矩形，填充灰色，调整透明度和大小。

③ 输入文字，调整字号及位置。

图 3-8　插入图片及绘制形状

其余目录页制作步骤如图 3-9 所示。

1 添加"放大/缩小"动画效果。

2 同理完成演示文稿第 3、4、5 页的制作。

图 3-9   目录页制作

4）制作过渡页。

过渡页制作时需要注意保持简洁、一致的原则，选择适合主题的过渡效果，本页采用背景图片填充的形式，结合形状与文字剪裁效果，使过渡页在视觉上舒适、流畅、易于理解，可提升演示质量。操作步骤如图 3-10 所示。

1 插入背景图片。

2 绘制矩形，填充白色，调整透明度并放置在画面左侧。

3 输入数字"0"，同时选中白色矩形和数字，选择"合并形状"→"剪除"，实现镂空效果。

4 输入文字。

图 3-10   过渡页 1 效果图

根据以上步骤，完成 4 个过渡页的制作，如图 3-11 所示。

图 3-11   过渡页效果图

拓展延伸

　　合并形状，是一种将多个形状组合为一个整体的功能。通过选择要合并的形状，然后选择"合并形状"菜单栏中的"结合、组合、拆分、相交、剪除"选项，选中的形状将被合并成一个新的形状。合并后的形状可以一起移动、调整大小和格式化。

　　注意选择形状时的操作顺序。

　　5）制作内容页 1。

　　营销类演示文稿中图表是非常重要的元素，本页主要介绍 2023 年度任务目标完成情况，通过插入表格并且添加投影、阴影效果，将数据可视化，能够有条理地组织信息并突出重点。将关键数据字号调大，使用简洁明了的语言，增强理解和记忆。操作步骤如图 3-12 所示。

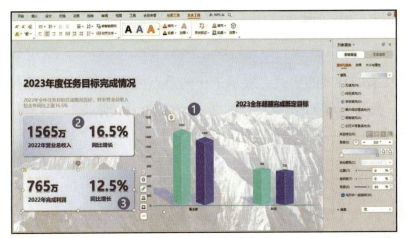

① 插入背景图片及表格。
② 绘制矩形，添加线性渐变及阴影效果。
③ 输入文字，添加阴影和投影效果。

图 3-12　制作内容页 1

　　6）制作内容页 2。

　　内容页是信息传达和沟通的核心，需要清晰、简洁地呈现演讲者的核心概念。本页通过插入形状及图片，添加倒影及阴影效果，吸引观众的注意力，更清晰地传达信息，并使内容更易理解和记忆。操作步骤如图 3-13 所示。

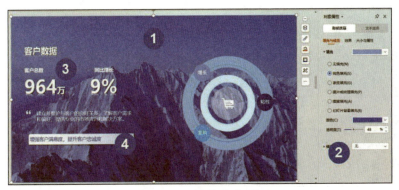

① 插入背景图片。
② 绘制矩形，填充色彩并降低透明度，置于背景图片上方。
③ 输入文字，添加阴影和倒影效果。
④ 绘制对角圆角矩形，添加渐变效果。

图 3-13　制作内容页 2

7）制作内容页 3。

本页通过轮播图片的形式回顾重点工作，使观众更加集中注意力；将大量的信息以简洁直观的方式呈现，避免了烦琐的文字叙述和漫长的讲解过程，使观众能够迅速领会到工作的重点，提高了信息传递的效率。操作步骤如图 3-14 所示。

① 插入图片，并排放置。
② 绘制椭圆形，填充白色，置于图片上方。
③ 设置直线动作路径及演示速度。
④ 输入文字并添加阴影效果。

图 3-14   内容页 3 效果

注：请参考内容页 1 的制作方法完成内容页 4~6 的制作。

8）制作内容页 7。

本页通过合并形状、编辑顶点及添加特效的形式，展示工作的重点内容，能更清晰地传达信息，并使内容更易理解和记忆。操作步骤如图 3-15、图 3-16 和图 3-17 所示。

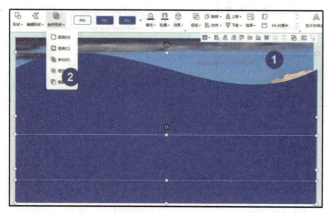

① 插入背景图片。
② 选择"插入"→"形状"→"流程图"→"资料带"和"矩形"，选中两个图形后选择"合并形状"→"结合"选项，组合形状。

图 3-15   合并形状

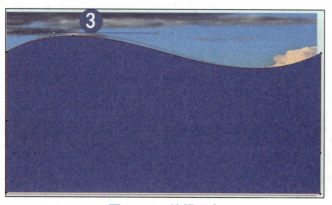

③ 用鼠标右键单击组合图形，选择"编辑顶点"选项，调整形状弧度。

图 3-16   编辑顶点

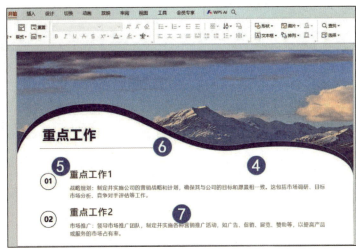

④ 设置描边及色彩，复制一层置于上方并填充白色。

⑤ 绘制圆形描边并取消颜色填充。

⑥ 绘制直线。

⑦ 输入文字。

图 3-17 制作内容页 7

注：请参考内容页 7 制作方法完成内容页 8 的制作。

9）制作结束页

结束页的设计可以参考封面页版式。效果如图 3-18 所示。

图 3-18 结束页效果图

5.项目总结

（1）过程记录

根据实际情况填写如表 3-3 所示的过程记录表。

表 3-3　过程记录表

序号	内容	思考及解决方法
1		
2		
3		
4		
5		

（2）能力提升与收获

6. 项目评价

项目结束后填写如表 3-4 所示的项目评价表。

表 3-4　项目评价表

内容	评分	小组评价	教师评价
项目分析（10分）			
项目实施（60分）			
项目总结（10分）			
知识运用（10分）			
小组合作（10分）			
合计			

拓展 ③　制作园艺博览会推广演示文稿

效果展示

技能探照灯

在本拓展项目中，你将尝试进行形状绘制，并添加效果。你需要熟练掌握以下的技能:
- 📹12 图片色彩调整
- 📹25 图片排版
- 📹29 为元素添加多个动画

1. 项目背景

　　园艺博览会对于推广园艺产业、促进文化交流、提升城市形象和促进旅游经济都具有重要的作用。它为展示园艺产业成果和技术创新提供了平台，增加了公众对园艺及环境保护的认知，是打造活力、绿色、文化融合城市形象的重要手段。制作园艺博览会推广演示文稿，可以将博览会的重点信息和亮点以简洁明了的方式展示给参观者，从而提高博览会的宣传效果，带动区域旅游经济的发展，提升城市的整体生态环境。

2. 项目目标

1）演示文稿框架设计符合园艺博览会的宣传推广主题。

2）通过配色、图片使用等，增强演示文稿的吸引力和专业性。

3）使用动画和页面过渡效果，使演示文稿更生动活泼。

4）合理组织和安排演示文稿的内容，确保信息清晰有序传达。

园艺博览会推广演示文稿如图 3-19、图 3-20、图 3-21 所示。

图 3-19　园艺博览会推广演示文稿封面页

图 3-20　园艺博览会推广演示文稿目录页

图 3-21　园艺博览会推广演示文稿样片展示

3. 项目分析

1）行业分析。

园艺行业是一个涵盖花卉、果树、蔬菜、草坪和景观设计等领域的综合性行业。当前，我国园艺行业正处于快速发展阶段。随着城市化进程的加快和生活水平的提高，人们对绿化环境和美化居住环境的需求不断增加，尤其是对园林景观设计、室内植物及特色花卉市场的需求更为旺盛。通过精心设计和制作的推广演示文稿，可以提高博览会的知名度和影响力，吸引更多参展商和观众，拓展商机，为博览会的成功举办以及园艺产业的发展做出贡献。

2）国家政策。

2001年5月，国务院发布《国务院关于加强城市绿化建设的通知》，该通知对今后一段时期的城市绿化指标提出了要求，如持续改善生态、美化生活环境、增进人民身心健康、推进城市绿化事业的发展。园艺博览会是城市形象推广的重要窗口，也是加强环境保护的重要途径之一。因此，制作园艺博览会推广演示文稿尤为重要。

3）技术可行性。

①通过清晰的结构，包括引言、亮点介绍等，突出展示园艺博览会的亮点和特色。

②使用吸引人的图片、图表和色彩搭配，营造积极美好的氛围。

③合理制定内容规划，确保简洁明了。

4）预期效果。

通过新颖的版式布局及独特的色彩搭配，引起注意、传递信息、强调价值、建立信任、激发行动，吸引受众并传达园艺博览会的重要信息，突出其价值和意义，建立受众的信任感并激发受众参与的动力，从而达到预期的推广效果。

> **学思践悟**
>
> 园艺博览会展现了绿色生态理念和园艺艺术的创新发展。了解展会的核心内容，感受绿色科技与文化交融带来的美学体验。

4. 项目实施

（1）演示文稿设计

1）需求分析，具体包括以下五个方面。

①了解目标人群。

目标受众是演示文稿展示面向的人群，如投资者、园林绿化行业相关人员等。

②明确设计风格。

明确客户希望以何种风格呈现演示文稿。

③确定演示文稿的色彩搭配。

确定客户对于演示文稿的颜色搭配、字体选择、排版布局等方面的要求，以确保与客户企业的形象和品牌保持一致。

④规划主要内容，制定大纲。

通过系统性地分析客户对主要内容呈现的需求，可以在制作园艺博览会推广演示文稿时，更好地满足客户的期望，提高项目质量和效果。

⑤确定版面比例。

填写如表 3-5 所示的客户需求分析表。

表 3-5 客户需求分析表

项目名称	制作园艺博览会推广演示文稿
目标人群	
设计风格	
色彩搭配	
主要内容	
版面比例	

2）内容规划。根据客户需求分析目标受众、主题及核心信息、结构和流程、内容创意和设计等，绘制思维导图。

3）版式设计。根据前期客户需求分析和内容规划，填写如表3-6所示的版式设计方案表。

表3-6   版式设计方案表

名称	文案设计	布局方案	配色设计
封面页			
目录页			
过渡页			
内容页1			

续表

名称	文案设计	布局方案	配色设计
内容页 2			
内容页 3			
内容页 4			
结束页			

注：可根据自己的设计自由添加内容页。

（2）演示文稿的制作

素材搜集→编辑排版→预演调试。

5.项目总结

（1）过程记录

根据实际情况填写如表 3-7 所示的过程记录表。

表 3-7　过程记录表

序号	内容	思考及解决方法
1		
2		
3		
4		
5		

（2）能力提升与收获

6.项目评价

项目结束后填写如表 3-8 所示的项目评价表。

表 3-8　项目评价表

内容	评分	小组评价	教师评价
项目分析（10分）			
项目实施（60分）			
项目总结（10分）			
知识运用（10分）			
小组合作（10分）			
合计			

项目 **4**　制作弘扬中国茶文化演示文稿

效果展示

技能探照灯

通过对本项目的学习，你将学会如何进行图片编辑，并掌握一定的版面设计要点。对应技能点操作视频：

- 📹 25 图片排版
- 📹 27 单图片排版技巧
- 📹 28 多图片排版技巧

1. 项目背景

中国茶文化博大精深，意蕴深厚，是值得挖掘的宝贵文化遗产。和而不同的豁达大度，是中国茶的鲜明特征；谦和礼敬的处世哲学，是中国茶的文化内核；交融互鉴的文明共享，是中国茶的价值追求。茶与国人相伴几千年，行走世界数万里。2022 年 11 月，我国申报的"中国传统制茶技艺及其相关习俗"通过评审，列入联合国教科文组织人类非物质文化遗产代表作名录。让我们铭记"中国茶"的流光溢彩，一起品味"中国茶"里的文化自信，以茶赋能新时代发展，一起感知致富茶、幸福茶的生生不息。

2. 项目目标

1）了解、传承、弘扬中国茶文化。

2）品味中国风演示文稿的设计特色。

3）具备运用单张图片和多张图片进行排版的能力。

弘扬中国茶文化演示文稿如图 4-1、图 4-2、图 4-3 所示。

图 4-1　弘扬中国茶文化演示文稿封面页

图 4-2　弘扬中国茶文化演示文稿目录页

图 4-3　弘扬中国茶文化演示文稿样片展示

3. 项目分析

1）中国茶文化。

中国茶文化博大精深、意蕴深厚，是值得挖掘的宝贵文化遗产。《神农本草经》《茶经》中的确切记载，让我们找到了"中国茶"的文化源头；苏轼等文人墨客为其留下的名篇佳作，让我们得以铭记"中国茶"的流光溢彩；新时代以茶赋能发展，让我们感知到致富茶、幸福茶的生生不息。一杯"中国茶"，和而不同、谦和礼敬、交融互鉴，氤氲的文化自信和文化魅力，必将为世界更多人民所认可，为共创多彩文明带来更多启发和可能性。

2）设计思路。

内容选择中国茶的历史沿革、茶文化的兴起、茶之滋味和茶中烟火，最后落脚到"一带一路"背景下世界各国茶文化的共融互鉴的新发展上，让更多的青年学子能够了解茶文化、传承茶文化、弘扬茶文化。

3）技术要点。

①中国风素材的搜集与整理。

②单张图片及多张图片的排版布局。

③多种元素的堆叠排版。

④镶边与衬托的应用。

4）预期效果。本演示文稿将通过丰富的历史资料、生动的视觉呈现和多媒体互动，全面展示中国茶文化的深厚底蕴与独特魅力。内容涵盖茶的起源与发展、主要茶类及特点、茶艺与品茶文化，以及茶在社会生活与国际交流中的重要作用。使观众更直观地感受中国茶文化的韵味，增强对茶文化的认知与兴趣，促进中华传统文化的传播与弘扬。

📖 学思践悟

茶文化承载着中华民族的精神气质与哲学智慧。从茶的历史源流到茶道精神，感受中国茶文化的深厚底蕴与世界影响力。

4. 项目实施

（1）演示文稿的设计

1）客户需求分析。分析客户需求，填写如表 4-1 所示的客户需求分析表。客户需求分析内容包括以下五方面。

①确定目标人群。

②确定设计风格。

③确定色彩搭配。

④确定主要内容。

⑤确定版面比例。

表4-1　客户需求分析表

项目名称	制作弘扬中国茶文化演示文稿
目标人群	茶文化爱好者、消费者、国际友人、茶叶从业者
设计风格	中国风
色彩搭配	绿色为主色调，茶色为辅助色
主要内容	中国茶文化的历史和文化
版面比例	16：9

2）内容规划。根据客户需求分析，进行演示文稿的内容规划，包括中国茶文化相关文字资料、图片素材的收集整理，绘制演示文稿思维导图，如图4-4所示。

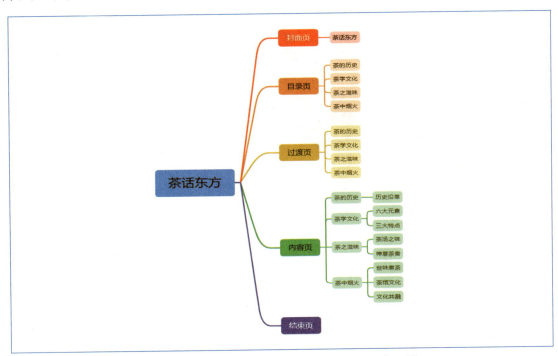

图4-4　茶话东方演示文稿内容规划思维导图

3）版式设计。根据风格设计需要，确定页面布局和配色方案，并完善如表4-2所示的版式设计方案表。

表4-2　版式设计方案表

名称	文案设计	布局方案	配色设计
封面页	1.运用衬线字体突出中国韵味。 2.色彩采用茶叶的绿色	1.左右式构图，左文右图。 2.制作有质感的背景。 3.堆叠大量的中国元素，突出国风韵味	从茶叶、茶汤中采集中国传统青梅和黛青两种色彩，作为主色和辅助色，局部点缀茶色，烘托茶文化这个主题

续表

名称	文案设计	布局方案	配色设计
目录页	1."目录"字体为"微软雅黑"，颜色为苍黄色。 2.小标题采用衬线体"南宋书局体"，颜色为黛青色	1.水平面构图＋左右式布局，疏密有度，以提高观众获取信息的效率。 2.虚实对比、疏密对比的运用	整体延续封面页的青梅色调，以圆形赭墨色图片为视觉焦点，以碧绿色茶碗提亮色调，平衡画面色彩
过渡页	1.主题数字为"叶根友唐楷简"字体，色彩与背景相呼应。 2.内容文字为黑色"方正清刻本悦宋简体"，突出国风特色	1.运用图形对页面进行分割。 2.插入毛笔字、图形、图片等元素，丰富画面层次。 3.运用图片的方圆对比、文字的大小对比和虚实对比增强画面的节奏感	以墨绿色为背景色，茶色为前景色，突出色彩的对比
内容页1	内容上体现茶文化的历史沿革。按照时间线进行排版	1.选择茶壶、古人煮茶图等图片烘托茶文化的古典氛围。 2.运用绿色矩形衬托煮茶图，起到镶边的效果	同类色构图，色彩和谐
内容页2	1.主题文字用"叶根友唐楷简"衬线体。 2.内容文字进行方块式布局，更有秩序感	运用矩形穿插页面，进行并列平铺式、穿插式构图，制作出类似古籍的纵向排版效果	调节前景色块明度，形成同类色对比，又与背景的赭色形成中差色对比。整体色彩和谐又不失节奏感
内容页3	1.使用形状色块衬托文字。 2.字体和前几页幻灯片保持一致	1.运用形状和图片的叠加合成图片，让图片更加雅致，突出中国风韵味。 2.用三个圆形将图片和文字联系起来，使版面更加沉稳。 3.通过添加超链接，深度解析中国茶的三大特色	黄绿对比
内容页4	1.大小对比。 2.字体和前几页幻灯片保持一致	1.将图形、图片和文字进行穿插式排版，营造出茶的流动意象。 2.疏密对比与大小对比的应用	主色调为淡雅的玉色，辅助色为黛青色，对比强烈
内容页5	1.穿插式排版。 2.大小对比	图片的分割	近似色对比，色调淡雅

续表

名称	文案设计	布局方案	配色设计
内容页6	1. 亲密性原则排版。 2. 大小对比	用图片对版面进行横向拦腰分割，提升画面感和层次感	中差色对比，色调明亮
内容页7	1. 居中排版。 2. 纵向排版	采用纵列式排版，上下错落排版	通过色块的使用，制造出色彩的强对比
内容页8	1. 使用毛笔字突出中国风韵味。 2. 大小对比	横排式错落排版	中差色对比
结束页	和封面页保持一致，前后呼应	和封面页保持一致	和封面页保持一致
注：可根据自己的设计自由添加内容页。			

（2）演示文稿的制作

1）制作封面页。

我国是世界上最早种植茶树和制作茶叶的国家，茶文化深深融入中国人的生活。演示文稿的封面页运用了大量国风元素，以体现中国茶的悠久历史与深厚文化，如底部的绿色图片象征着茶山；背景中的日出东方，象征着茶来源于中国；山峰则代表着历史的久远等。下面进行步骤详解。

新建演示文稿，版面比例设为 16：9，用素材图片 1 填充幻灯片背景。插入素材图片 2~6，进行层叠摆放。输入文字，添加拼音、印章、燕子等国风元素。封面页采用左右式排版，左文右图。运用衬线字体、有质感的背景、大量的中国元素和传统颜色，突出浓浓的中国风韵味。主标题字体选择"TypeLand 康熙字典体"，拼音文字为"CHA HUA DONG FANG"，均为衬线体。从茶叶、茶汤中采集中国传统的青梅和黛青两种色彩，作为主色和辅助色，局部点缀以茶色，使页面凸显出"中国茶"的意境，色彩与主题深度融合。操作步骤如图 4-5、图 4-6 所示。

❶ 插入素材图片1，设置封面页背景。

❷ 运用大量国风元素丰富画面层次。

图 4-5　插入图片

图 4-6　制作封面页

③ 输入文字并编辑。
④ 多元素点缀画面。

 拓展延伸

在"中国风"幻灯片设计中，背景、字体、颜色和素材是最能够突出设计风格的四种要素。通过使用高质感的背景，运用手写毛笔字或者衬线字体，采用中国传统颜色，并添加大量国风元素，往往可以设计出优秀的国风作品。

备注：本项目配有"字体包"，可根据需要安装使用。

2）制作目录页。

本项目拟从茶的历史、茶学文化、茶之滋味、茶中烟火四个维度解读中国茶文化，故目录页要体现出这四个方面。目录页的配色延续封面页的青梅色调，左右排版，一目了然。在页面左侧插入手写毛笔字"茶"的图片，丰富了背景层次，与前景形成虚实对比。将素材图片 10 裁剪为圆形，与"目录"文字、印章、毛笔字层层堆叠，简约而又丰富。四行小标题紧凑排列，置于页面右侧。右下角用碧绿色茶碗压住页面，提亮了色调，平衡了画面。操作步骤如图 4-7、图 4-8 所示。

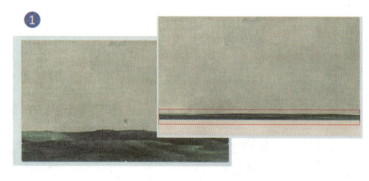

❶ 插入素材图片 2，压缩到合适大小，用色彩分割画面，形成水平面构图。

图 4-7　插入图片

图 4-8　制作目录页

② 插入素材图片 9，形成虚实对比。
③ 插入素材图片 10，裁剪为圆形。
④ 输入文字并编辑。
⑤ 添加印章、茶杯等元素，丰富画面层次。

3）制作过渡页。

本页巧用多个矩形、圆形对页面进行分割，再叠加毛笔字、前景文字、印章等元素，通过虚实对比、方圆对比、大小对比等，增强了整体画面的节奏感。操作步骤如图 4-9、图 4-10 所示。请参考样片，用同样的方法完成过渡页 2~4 的制作。

图 4-9　插入图片和图形

① 新建幻灯片，单击鼠标右键并选择"设置背景格式"选项，将背景色设为 RGB：66，108，97。
② 插入图片 11。插入矩形，颜色设为 RGB：234，225，213；插入素材图片 9，运用毛笔字和形状丰富画面层次。
③ 插入素材图片 12，并裁剪为圆形。

图 4-10　制作过渡页 1

④ 输入文字并编辑，注意文字大小的对比。
⑤ 添加黄色矩形、印章、文字等元素，平衡画面，完成过渡页 1 的制作。

4）制作内容页 1。

喝茶是生活，也是文化。内容页 1 介绍中国茶的历史，让观众了解中国茶文化的历史沿革。由于文字内容较多，可将文字按照标题分段，通过改变字体、加粗等方式增加文字空间感，使文字更具有可读性，操作步骤如图 4-11、图 4-12 所示。

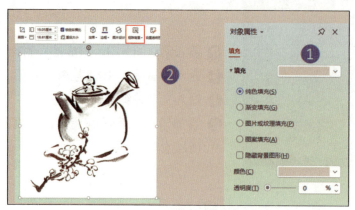

❶ 新建幻灯片，设置背景色为
RGB：234，225，213。

❷ 插入素材图片 13，选择"图片工
具"选项卡中的"抠除背景"选
项，为素材图片 13 抠除背景。

图 4-11　填充背景与抠图

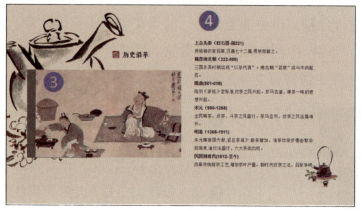

❸ 插入素材图片 14，添加绿色矩
形，放置在素材图片 14 下面一
层，形成一道绿色的镶边，起到
衬托作用。

❹ 添加文字、印章、图片等装饰，
完成内容页 1 的制作。

图 4-12　制作内容页 1

5）制作内容页 2。

内容页 2 从茶史、品茶、茶礼、茶技、茶艺、茶风六方面展现茶学文化。运用矩形穿插
页面，进行并列平铺式、穿插式构图，将布局空间完全打开并分离，再将文字部分进行方块
式布局，形成秩序感，制作出类似古籍的纵向排版效果，操作步骤如图 4-13、图 4-14 所示。

❶ 插入素材图片 9 和素材图片 16，
制作图片的层叠效果。

图 4-13　制作图片的层叠效果

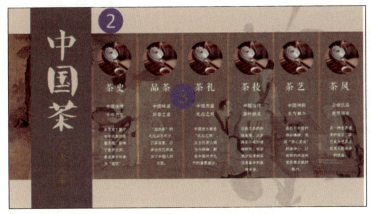

图 4-14 图片的层叠与穿插

② 插入矩形，填充为绿色。复制绿色矩形，将透明度调整为 58%，缩放至合适大小，再复制 5 份，并列平铺到背景图片上，形成半透明的遮罩效果。

③ 插入、编辑前景图片，文字设为衬线字体，设置横向分布和纵向分布。

6）制作内容页 3。

数千年前，中国人就开始采茶、制茶、饮茶。公元 8 世纪后期，陆羽写就《茶经》，这是中国最早的系统阐述茶叶知识及实践的专著。内容页 3 运用形状和图片的叠加合成图片，让页面更加雅致，突出中国风韵味。用三个圆形将图片和文字联系起来，通过添加超链接，深度解析中国茶的三大特色："和而不同""谦和礼敬"与"交融互鉴"，帮助观众真正领略中国茶的魅力和中国文化的深厚底蕴。操作步骤如图 4-15 所示。

图 4-15 制作内容页 3

① 插入两个矩形，填充合适的颜色，叠加放置。插入文本框，输入"茶"，填充色为中国传统"鞠衣"颜色，形成黄绿对比，视觉和谐。

② 用双色矩形对图片进行镶边，用圆形衔接图片和文字，突出主题。

③ 编辑文字。

7）制作内容页 4。

插入素材图片 9、素材图片 17 和素材图片 19，将素材图片 17 裁剪为圆形，插入矩形和文字，将图形、图片和文字进行穿插式排版，营造出茶的流动意象，注意布局中疏与密的对比及色彩的明暗对比。操作步骤如图 4-16 所示。

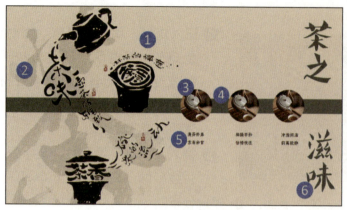

图 4-16 制作内容页 4

① 设置背景颜色。
② 叠加图片，形成明度对比。
③ 裁剪图片。
④ 穿插形状并连接。
⑤ 编辑文字并排版。
⑥ 插入超链接。

8）制作内容页 5。

在用单张图片进行排版时，除了裁剪图片、添加衬底等方式之外，还可以制作图片的创意分割效果，将图片中感兴趣的局部区域从图像背景中分离出来，使关键特征更加具有辨识度，也可以使版面更加具有独创性，操作步骤如图 4-17、图 4-18 所示。

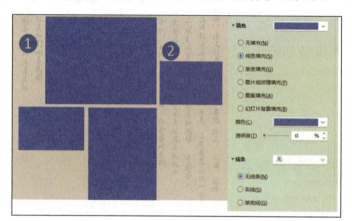

图 4-17 插入形状

① 设置幻灯片背景。
② 插入形状，设置为无线条，按 Ctrl+G 组合键进行组合。

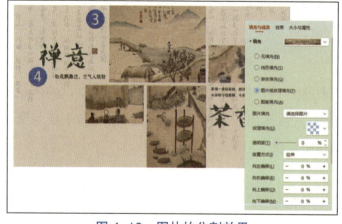

图 4-18 图片的分割效果

③ 在"设置图片格式"中选择"用图片或纹理填充"选项，选择素材图片 12，完成图片的分割效果。
④ 输入文字，进行图文混排。

9）制作内容页 6。

中国人爱茶，更爱在泡茶、品茶、论茶这些充满仪式感的过程中体悟自然、感悟人生。

茶对中国人来说不仅增加了生活情趣，还培养了平和包容的心态，形成了中华民族含蓄内敛的品格和道德修养。

内容页 6 通过版面的分割进行图文混排，带观众品味茶中烟火。所谓版面的分割就是将一个完整的背景版面，通过形状或图片分成几部分，打破常规，以此来提升画面感和层次感，操作步骤如图 4-19 所示。

❶ 插入三个矩形，横向分割版面，用素材图片 20 进行填充，放置方式选择"拉伸"选项。

❷ 用素材图片 15 竖向分割版面。

❸ 编辑文字。

❹ 修饰版面。

图 4-19   制作内容页 6

 拓展延伸

　　分割排版中最基础、使用最多的就是横竖分割，包括横向分割和竖向分割。横向分割一般是通过矩形将版面的上下空间一分为二，色彩通常要和主体的颜色一致，上下的颜色对比可以强烈一些，这样层次感更强。横向分割还可以将页面分割成三个部分，比如内容页 6 第一步所做的拦腰排版。竖向分割一般是通过矩形将版面的左右空间一分为二，也可以分割成三个甚至四个部分，或者进行纵列式排版。除了横竖分割，常用的分割方式还有斜切分割、梯形分割、三角形分割、曲线分割等，如图 4-20 所示。

图 4-20   版面的各种分割效果

10）制作内容页 7。

中国的茶文化在世代传承中，成为具有地域性、群体性和民族性特征的多样性实践，促进了茶器、茶歌、茶戏等文化表现形式的发展，营造了茶馆等关联性文化空间。内容页 7 生动展示了中国茶文化的多样性。

内容页 7 采用纵列式排版，先用色块划分出内容区域，再和图片进行拼接，上下错落进行排版。通过色块的使用，制造出颜色的对比，让人更易捕捉视觉焦点，而中间的留白则让画面更加整洁。操作步骤如图 4-21 所示。

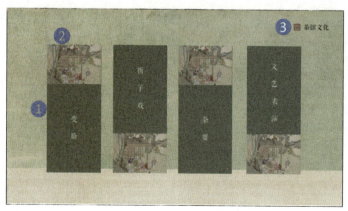

❶ 插入形状，分割版面。

❷ 插入素材图片 21，进行错落排版。

❸ 输入文字，加入印章元素，突出主题。

图 4-21　制作内容页 7

11）制作内容页 8。

通过经贸往来和人文交流，中国的茶文化在世界各地广泛传播。在古代，中国茶叶随着丝绸之路传到欧洲，而后逐渐风靡世界，与丝绸、瓷器等一起被认为是共结和平、友谊、合作的纽带。今天，"一带一路"的建设为茶文化、茶产业、茶科技的创新发展提供了新动力。内容页 8 总结了中国茶在世界茶文化交融互鉴中的重要作用，展望了中国茶未来的发展方向。操作步骤如图 4-22 所示。

❶ 插入三个矩形，分别用素材图片 22、素材图片 23 和素材图片 24 进行填充，横向分割版面。

❷ 添加色块进行衬托。

❸ 编辑文字。

图 4-22　制作横排式布局

12）制作结束页。

为使结束页和封面页前后呼应，只需复制封面页，把主标题文字"茶话东方"和拼音

"CHA HUA DONG FANG" 替换为 "谢谢观看" 和拼音 "XIE XIE GUAN KAN" 即可，注意把拼音设置为两端对齐，效果如图 4-23 所示。

13）完成项目。

为每一页幻灯片添加合适的动画效果，设置换片方式和切换效果，保存文件。

图 4-23　结束页效果图

5. 项目总结

（1）过程记录

根据实际情况填写如表 4-3 所示的过程记录表。

表 4-3　过程记录表

序号	内容	思考及解决方法
1		
2		
3		
4		
5		

（2）能力提升与收获

6. 项目评价

项目结束后填写如表 4-4 所示的项目评价表。

表 4-4　项目评价表

内容	评分	小组评价	教师评价
项目分析（10分）			
项目实施（60分）			
项目总结（10分）			
知识运用（10分）			
小组合作（10分）			
合计			

拓展 ④　制作网络安全教育演示文稿

效果展示

技能探照灯

在本拓展项目中，你将尝试进行形状的渐变填充。你需要熟练掌握以下的技能：

- 📹7　渐变形状
- 📹8　合并形状（布尔运算）
- 📹29　为元素添加多个动画

1. 项目背景

网络信息人人共享，网络安全人人有责。为增强街道干部的网络文明素养，提升网络安全意识，清朗网络环境，养成良好用网习惯，2023 年 3 月 20 日，奥体中路街道组织开展"清朗网络空间 共建网络文明"专题学习活动。本项目将为该专题学习活动制作一个以"清朗网络空间 共建网络文明"为主题的演示文稿。

2. 项目目标

1）了解网络安全知识和防护措施。

2）遵守网络安全法律法规，文明上网。

3）保护好个人信息和工作信息，做网络文明引领者。

4）具备制作科技风演示文稿的知识技能。

网络安全教育演示文稿如图 4-24、图 4-25、图 4-26 所示。

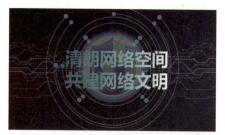

图 4-24　网络安全教育演示文稿封面页

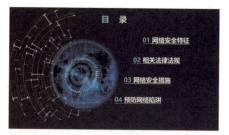

图 4-25　网络安全教育演示文稿目录页

图 4-26　网络安全教育演示文稿样片展示

3. 项目分析

1）活动分析：学习《中华人民共和国网络安全法》《互联网用户账号信息管理规定》等相关内容，并重点围绕网络安全常识、加强个人信息和工作信息保护、公职人员如何正确使用微信等内容进行现场讲解，提醒干部们保护好个人隐私和工作秘密，倡导大家做网络文明的引领者，带头传递主流思想和社会正能量。

2）技术可行性：图形的编辑；图片的编辑；渐变填充的运用。

3）预期效果：通过系统梳理网络安全的基本特征，结合相关法律法规，全面提升受众的安全意识。以生动案例揭示常见网络安全风险，深入解析防护措施，帮助受众掌握有效的安全防范技能。通过揭示网络陷阱的特点与应对策略，引导受众建立正确的安全观念，提升风险识别能力，推动网络安全理念的广泛传播与实践。

学思践悟

网络安全关乎每个人的日常生活，信息时代的安全防护尤为重要。了解常见安全风险，掌握防范知识，提升网络素养与安全意识。

4. 项目实施

（1）演示文稿的设计

1）需求分析。分析客户需求，填写如表 4-5 所示的客户需求分析表。客户需求分析内容包括以下五方面。

①确定目标人群。

②确定设计风格。

③确定色彩搭配。

④确定主要内容。

⑤确定版面比例。

表 4-5　客户需求分析表

项目名称	制作网络安全教育演示文稿
目标人群	
设计风格	
色彩搭配	
主要内容	
版面比例	

2）内容规划。根据客户需求分析，进行演示文稿的内容规划，包括文案材料和图片素材的收集整理，绘制演示文稿内容规划的思维导图。

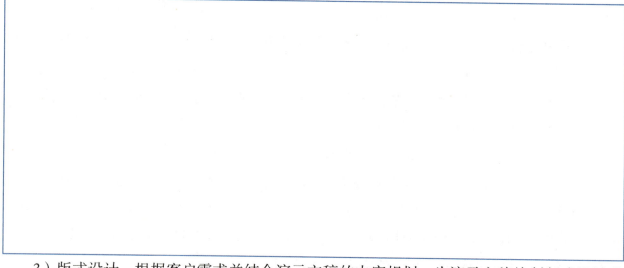

3）版式设计。根据客户需求并结合演示文稿的内容规划，为演示文稿绘制版式设计草图，确定页面布局和配色方案，并填写如表 4-6 所示的版式设计方案表。

表 4-6　版式设计方案表

名称	文案设计	布局方案	配色设计
封面页			
目录页			
过渡页			
内容页 1			

续表

名称	文案设计	布局方案	配色设计
内容页 2			
内容页 3			
内容页 4			
内容页 5			
内容页 6			
内容页 7			
结束页			

注：可根据自己的设计自由添加内容页。

（2）演示文稿的制作

素材搜集→编辑排版→预演调试。

5. 项目总结

（1）过程记录

根据实际情况填写如表 4-7 所示的过程记录表。

表 4-7   过程记录表

序号	内容	思考及解决方法
1		
2		
3		
4		
5		

（2）能力提升与收获

| |
| |

6. 项目评价

项目结束后填写如表 4-8 所示的项目评价表。

表 4-8   项目评价表

内容	评分	小组评价	教师评价
项目分析（10分）			
项目实施（60分）			
项目总结（10分）			
知识运用（10分）			
小组合作（10分）			
合计			

项目 **5**　制作年会快闪演示文稿

效果展示

通过对本项目的学习，你将学会如何进行快闪动画设置。对应技能点操作视频：
- ■ 8 合并形状（布尔运算）
- ■ 29 为元素添加多个动画
- ■ 30 幻灯片切换效果

1. 项目背景

　　企业年会是企业文化的重要组成部分，承载着团队精神的传承与企业价值的展现。快闪作为一种富有创意和感染力的表现形式，能够以生动多样的方式展现企业风貌，增强团队凝聚力，营造积极向上的企业氛围。

　　在现代企业管理中，文化建设与品牌形象塑造日益受到重视，年会不仅是总结与展望的重要节点，也是展示企业精神风貌的重要窗口。通过快闪演示文稿的创意设计，结合多媒体技术与动态视觉效果，能够更加直观、生动地传递企业文化，展现企业的活力与创新精神。

2. 项目目标

1）演示文稿设计符合公司年会主题思想。

2）演示文稿的内容选取合理，能展现公司的文化和价值观。

3）演示文稿具有设计特色，动画效果丰富，具有足够的吸引力。

年会快闪演示文稿如图 5-1、图 5-2 所示。

图 5-1　年会快闪演示文稿封面页

图 5-2   年会快闪演示文稿样片展示

3. 项目分析

快闪演示文稿已成为当今企业年会举办过程中的重要组成部分。一份精心制作的快闪演示文稿不仅能够激发员工的工作热情，还能给观众留下深刻印象。

1）明确演示文稿的制作目标。

在制作年会快闪演示文稿之前，首先需要明确演示文稿的制作目标：是为了展示公司一年的业绩和成果，还是为了激励员工，提升团队凝聚力。明确目标有助于确保演示文稿内容有针对性。

2）搜集素材与整理内容。

根据目标，搜集相关素材，如图片、视频、数据等。整理内容时，需注意将信息精炼、条理清晰地呈现出来。可以使用列表、图表等方式，让信息更加直观易懂。

3）设计演示文稿风格与布局。

选择合适的主题和风格对于快闪演示文稿的制作效果至关重要。风格要与公司文化和年会主题相契合，同时要注重简洁明了，避免过于复杂的设计。演示文稿的布局应注意合理利用空间，突出重点内容。

4）动画与音效运用。

适当的动画和音效能够为快闪演示文稿增色添彩。动画效果应流畅自然，避免过于花哨；音效要贴合情境，能够起到画龙点睛的作用。同时，要注意控制演示文稿的播放时间，避免影响整体效果。

📖 **学思践悟**

　　年会不仅是企业文化的集中体现，更是团队凝聚力的重要展现。感受企业发展历程，见证团队成长，体验创新表达带来的精彩瞬间。

4. 项目实施

（1）演示文稿的设计

1）注意事项。

①保证内容真实可信，避免夸大或虚假宣传。

②注意细节，避免错别字、语法错误等问题。

③遵守法律法规，不涉及敏感话题或不当言论。

④保持与时俱进，可适当融入当前热点话题或元素。

⑤颜色搭配应当与主题相符，并且保证整体视觉效果的和谐统一。

2）需求分析。填写如表5-1所示的客户需求分析表。

表 5-1　客户需求分析表

项目名称	制作年会快闪演示文稿
目标人群	企业员工、公司管理层、嘉宾及合作伙伴等
设计风格	现代中国风
主要内容	公司年会气氛烘托
动画设计	炫彩多样的动画，切忌会使人感觉眼花缭乱
版面比例	16：9

　　3）内容规划。根据客户需求分析，进行演示文稿的内容规划，包括每一页幻灯片的呈现效果、动画设计等，绘制演示文稿内容规划的思维导图，如图5-3所示。

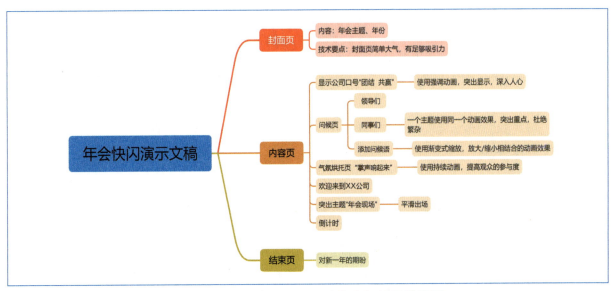

图 5-3　年会快闪演示文稿内容规划思维导图

4）版式设计。根据风格设计需要，确定页面布局和配色方案，并完善如表 5-2 所示的版式设计方案表。

表 5-2　版式设计方案表

名称	文案设计	布局方案	配色设计
封面页	1.封面页文案设计考虑简明扼要，具有吸引力。 2.封面页文案要突出主题、年份等重要信息	1.主题字：通常放在封面页的视觉中心位置，使用较大字号或艺术字设计，清晰易懂。 2.画面：画面的美观度将直接影响观看者的喜好，年会主题可使用喜庆、简洁的图片装饰。 3.声音：以年会主题的快闪，气氛烘托是重要的环节，可在封面页添加欢乐的背景音乐，烘托气氛。但不要过于吵闹，以免影响整体的简洁度和专业感	以中国红为主色调，金色点缀
内容页 1	简述公司宗旨，可加入对公司文化或核心竞争力的简短描述，确保信息的清晰展示	1.内容以缩放动画出现，确保信息的清晰展示。 2.确保动画效果与文案内容相匹配，营造和谐的观看体验	中国红背景填充，白色字体显示
内容页 2~4	可加入一些温馨的欢迎词和问候语	动画、文字同时出现，并且每页播放速度一致，增添温馨氛围	中国红背景填充，白色字体显示
内容页 5	气氛烘托环节的设置：掌声响起来	内容以缩放动画出现，突出显示	中国红背景填充，白色字体显示
内容页 6	以醒目字体和颜色展示公司名称，确保观众能够一眼看到	可以在公司名称周围添加光晕或闪烁动画效果，增强视觉冲击力	中国红背景填充，白色字体显示

续表

名称	文案设计	布局方案	配色设计
内容页 7	文字突出活动主题: 年会现场	保持文案简洁明了, 避免冗长和复杂的句子	中国红背景填充, 白色字体显示
内容页 8~15	倒计时: 显示一个倒计时, 数字从 "5" 开始递减至 "1", 吸引观众的注意力	合理利用动画效果, 提升演示文稿的视觉效果和吸引力	中国红背景填充, 白色、黑色字体显示
结束页 1	1. 展示新一年目标。 2. 突出关键内容	1. 使用分页显示新年目标, 避免文字过于冗长。 2. 心形图案突出 "初心", 用动画填充爱心效果, 强调显示	中国红背景填充, 白色字体显示
结束页 2	突出共同的目标	用放大 / 缩小动画突出显示	中国红背景填充, 白色字体显示

注: 可根据自己的设计自由添加内容页。

（2）演示文稿的制作

1）制作封面页。

封面页应当能够快速、清晰地传达整个演示文稿的主题。设计风格应当与主题相一致, 可以使用公司或品牌的标志性颜色, 以及相应的字体。内容及排版要简单明了, 突出主题, 加入引人入胜的动画效果, 增加视觉吸引力。操作步骤如图 5-4 所示。

❶ 在幻灯片空白位置单击鼠标右键, 选择 "设置背景格式" 选项, 将素材图片设置为背景图片。

❷ 为增强视觉和听觉的冲击力, 插入音频作为背景音乐。

❸ 设置背景音乐属性为自动开始, 循环播放、直至停止, 放映时隐藏。

图 5-4　制作封面页

拓展延伸

动画：演示文稿中的动画包括对象动画、页面切换动画。

页面切换动画是指幻灯片之间过渡时使用的动画，即切换动画。

对象动画是指给幻灯片中的对象添加动画效果，可控制对象显示的先后次序、效果等，使演示文稿更具有吸引力。

注：该部分对象动画的相关应用为 WPS 办公应用考证知识点。

2）制作标语页。

在制作日常使用的演示文稿时，通常会在封面页之后添加一页清晰、易于阅读的目录页。这有助于观众跟随演讲思路，并更好地理解演示内容。但是在快闪这类演示文稿中，不适合添加目录页。

制作快闪内容页时，需要明晰内容和呈现效果并进行构思。一个好的内容呈现要抓住快闪主题。首先需要体现公司的标语"团结 共赢"并使用缩放进入动画，确保标语能够突出显示。使用大字体和醒目的颜色来呈现"团结 共赢"这两个词，以便观众能够迅速捕捉到信息。同时添加音效，以增强视觉和听觉的冲击力。

通过精心设计和制作，快闪内容页可以有效地传达公司的理念"团结 共赢"，并给观众留下深刻的印象。在制作过程中需要多次预览和修改，以确保最终呈现效果符合预期。效果如图 5-5 所示。动画属性设置如图 5-6 所示。

图 5-5　公司标语显示效果

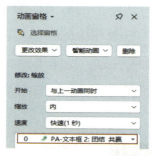

图 5-6　动画属性设置

❶ 设置背景图片为纯色填充，颜色为红色。

❷ 输入文字，并填充白色，调整字体大小、位置。

❸ 为文字添加对象动画。

❹ 文字动画属性：缩放进入动画、内、快速（1 秒）、开始时间与上一动画同时。

3）制作问候页 1。

问候页作为快闪内容页的起始部分，具有非常重要的意义。它为整个快闪奠定了基调，并决定了观众对内容的初步印象。添加炫彩的动画可以增加问候页的吸引力和动态感，但要合理控制动画的节奏，确保动画效果与快闪的整体节奏相匹配，避免过度复杂或混乱的设计，保持动画效果的简洁明了，突出关键信息，并确保观众能够快速理解。问候页 1 的初步效果和动画效果设置步骤如图 5-7、图 5-8 所示。

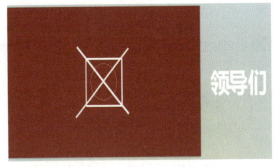

图 5-7 问候页 1 效果图

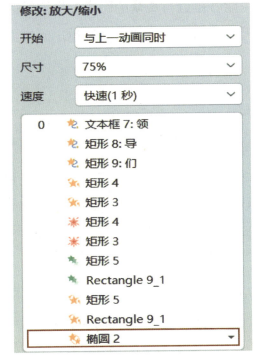

图 5-8 动画效果设置

❶ 插入文本框，输入相应的文字，调整文字填充为白色。

❷ 将文字移动至幻灯片外部右侧，为添加动画做铺垫。

❸ 插入 2 个矩形框，使其重叠，再插入 1 个椭圆和 2 条对角线。

❹ 为各对象添加动画效果。

❺ 依次为"领""导""们"三个字添加进入动画为自定义路径动画中的直线路径，将终点设置在矩形框左侧、中心、右侧的位置。

❻ 设置两条对角线动画效果：依次设置陀螺旋强调动画，360°顺时针旋转；设置两条对角线为十字形扩展。方向为外。

❼ 设置两个矩形框的动画效果：将两个矩形框的进入动画设置为渐变式缩放；强调动画设置为陀螺旋，为突出效果，属性分别设置为顺时针 45°及逆时针 45°。

❽ 设置椭圆的强调动画为放大 / 缩小。

4）制作问候页 2。

因两个问候页主题一致，建议使用相同的动画效果，避免过度复杂或混乱的设计，如图 5-9 所示。

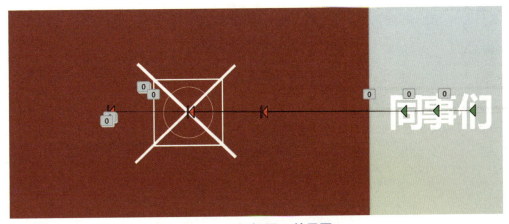

图 5-9 问候页 2 效果图

拓展延伸

　　单击"动画刷"按钮，使用一次后自动取消动画刷选择；双击"动画刷"按钮，可以连续多次使用动画刷效果。

　　双击"动画刷"按钮后，需要再次单击动画刷按钮方可取消选择。

5）制作问候页3。

　　问候页3可以为观众提供一个友好的开始，并为后续的内容做好铺垫。使用简洁明了的问候语，向观众表达欢迎之意。语言应友好、亲切，能够拉近与观众的距离。根据目标受众或场合，考虑添加个性化的元素，适当的动画效果可以使问候页更加生动有趣。问候页3的效果及动画效果设置步骤如图5-10、图5-11所示。

图 5-10　问候页 3 效果图

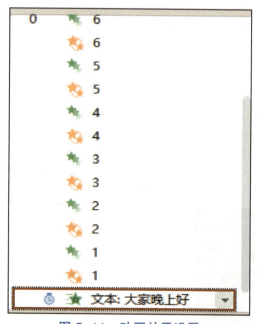

图 5-11　动画效果设置

❶ 插入文本框，输入"大家晚上好"；设置文字为白色。

❷ 用鼠标右键单击文本框，选择"置于顶层"选项。

❸ 在幻灯片中心位置，分别插入6个矩形框，大小依次递减。

❹ 将6个矩形框摆放至相应位置。

❺ 为幻灯片内对象依次设置动画。

❻ 依次设置6个矩形框的进入动画效果为渐变式缩放，强调动画效果为放大/缩小。动画相关属性设置如下：矩形1进入动画：尺寸为400%；矩形2进入动画：尺寸为150%；矩形3进入动画：尺寸为50%；矩形4进入动画：尺寸为1000%；矩形5进入动画：尺寸为1000%；矩形6进入动画：尺寸为650%。

❼ 设置文本框动画效果：进入动画为轮子；属性可根据喜好设置。

6）制作气氛烘托页。

气氛烘托页的效果及动画效果设置步骤如图 5-12、图 5-13 所示。

❶ 插入文本框，输入文字"掌声响起来"，并设置填充颜色为白色。

❷ 设置文字动画。

图 5-12　气氛烘托页效果图　　图 5-13　动画属性设置

7）制作欢迎页 1。

前几张幻灯片的播放已经为年会氛围做了很好的铺垫，欢迎页应突出公司元素，在幻灯片的显著位置展示公司标识，以便观众能够快速识别。添加线条及动画效果，使页面变得更加生动，欢迎页 1 的效果和动画效果设置步骤如图 5-14、图 5-15 所示。

图 5-14　欢迎页 1 效果图

图 5-15　动画效果设置

❶ 插入文字，并设置填充颜色。

❷ 调整文字大小位置，使用文字大小对比，突出重点。

❸ 将两条平行短线及两条交叉线段摆放到合适的位置。

❹ 设置斜线 1 与斜线 2 的进入动画为轮子，辐射状为 1 轮辐图案；强调动画为陀螺旋；数量分别设置为 225°顺时针与 225°逆时针，退出动画为随机线条，方向为水平。

❺ 设置短线 1 与短线 2 的进入动画为出现，强调动画为放大 / 缩小；尺寸为 1000%，方向为水平。

❻ 设置"欢迎来到"进入动画为圆形扩展，方向为内；设置公司名称进入动画为擦除，方向为自底部。

❼ 将斜线 2 强调动画、斜线 1 退出动画、短线 1 进入动画以及公司名称进入动画的开始时间设置为在上一动画之后，其余设置为与上一动画同时。

8）制作欢迎页 2。

欢迎页 2 为欢迎页 1 的延续，说明快闪的主题为年会。利用文字和图案相结合的页面设计，加上相应动画，营造出腾云驾雾的感觉。欢迎页 2 的操作步骤如图 5-16 所示。

图 5-16   制作欢迎页 2

❶ 插入文本框，输入文字"年会现场"，利用文字大小等视觉冲击，突出年会主题。

❷ 插入多个云彩形状图形，调整不同云朵的大小、位置以增加层次感，并按 Ctrl+G 组合键进行组合。

❸ 设置文字、组合图形的进入动画为缓慢进入，方向为自左侧。同时为了增加视觉效果，为组合图形添加渐变进入动画。

❹ 所有动画设置开始时间为与上一动画同时。

9）制作倒计时页 1。

在快闪中制作倒计时页可以增加观众的期待感和紧张感，使整体内容更加生动有趣。在倒计时页中添加醒目、大气的字体和颜色提醒观众活动即将开始，确保观众能够轻松识别。可以考虑使用渐变、立体效果或动画来增强数字的视觉冲击力。倒计时页 1 效果和动画效果设置步骤如图 5-17、图 5-18 所示。

图 5-17   倒计时页 1 效果图

❶ 插入相应形状，由内向外依次为白色填充圆形、蓝色填充圆环（置于白色填充圆形上方）、白色填充圆环、白色填充两个半圆环、白色填充圆环、白色填充细圆环。

❷ 将所有形状按照相应位置、效果摆放。

❸ 插入文字"我们"。

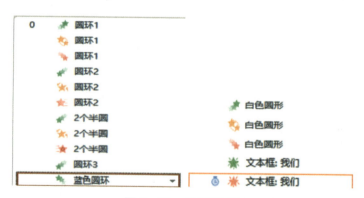

图 5-18   动画设置

说明：由外向内依次为圆环 1、圆环 2、2 个半圆、圆环 3、蓝色圆环、白色圆形、文本框：我们。各部分的动画设置具体如下。

❶ 设置圆环 1 为缩放进入动画，方向为向内；放大 / 缩小强调动画，尺寸为 200%；渐变退出动画。

❷ 设置圆环 2 为渐变进入动画；陀螺旋强调动画，数量：720° 顺时针；擦除退出动画，方向为自顶部。

③ 设置2个半圆为渐变进入动画；陀螺旋强调动画，数量：720° 逆时针；轮子退出动画，辐射状1轮辐图案。

④ 设置圆环3为渐变进入动画。

⑤ 设置蓝色圆环为渐变式缩放进入动画。

⑥ 设置白色圆形为缩放进入动画，方向为向内；放大/缩小强调动画，尺寸为400%；渐变退出动画。

⑦ 设置文本框为出现进入动画，消失退出动画。

⑧ 文本框退出动画开始时间为上一动画之后，其余为与上一动画同时。

10）制作倒计时页2、3。

倒计时页2、3为倒计时页1的延续，故使用相同动画制作即可，效果如图5-19、图5-20所示。

图5-19　倒计时页2效果图

图5-20　倒计时页3效果图

方法一：将倒计时页1进行复制，修改文本内容即可。

方法二：将形状及文字制作完成后使用动画刷完成动画制作。

11）制作倒计时页4。

倒计时除了可以用文字表述也可以通过数字来表达，加上合适的动画，营造紧张的气氛。倒计时页4的效果及动画效果设置步骤如图5-21、图5-22所示。

图5-21　倒计时页4效果图

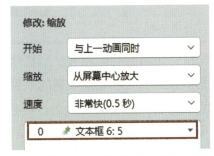

图5-22　动画属性设置

① 插入文本框，输入数字"5"；设置大小、颜色、位置。

② 设置文本框动画属性。

12）制作倒计时页5~8。

倒计时一般到1截止，所以还需要4、3、2、1的显示，可以利用制作倒计时页4的方法依次制作倒计时页5~8，可以复制倒计时页4，修改文本即可。效果如图5-23所示。

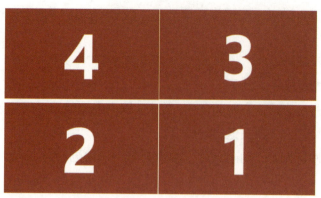

图 5-23   倒计时页 5~8 效果图

13）制作结束页 1。

制作幻灯片结束页时，强调或重申演示中的关键信息是非常重要的，这样可以加深观众对演示内容的理解和记忆。同时，使用积极、乐观的语言表达对新一年的期望和愿景，可以激发观众的热情和动力，促使他们为共同的目标而努力。本页通过展示未来的计划和目标，让观众感受到新的挑战和机遇，可以引导观众思考如何为实现这些目标做出贡献，同时也能够提高观众的工作积极性和满意度。在制作幻灯片结束页时需要简洁明了、重点突出，使用积极的语言和视觉元素来表达对新一年的期望和愿景。通过这样的设计，可以增强演示的影响力，让观众对未来充满期待和信心。结束页 1 的制作方法及效果如图 5-24、图 5-25、图 5-26 所示。

图 5-24   心形图案绘制

图 5-25   结束页 1 效果图

❶ 绘制 1 个白色边框为 25 榜的无填充心形和 4 个红色填充的无边框心形，并将其中三个心形进行编辑顶点操作，使其变形，以达到爱心逐渐填充的效果，如图 5-24 所示。

❷ 设置爱心进入动画：白色爱心为缩放，方向为外；红色爱心形为擦除，方向为自底部；全部心形开始时间设置为在上一动画之后（此时应注意爱心的摆放顺序）。

❸ 按照图示爱心位置，将红色心形从右往左依次摆放至白色爱心内，并将白色爱心设置为置于顶层。

图 5-26　箭头属性设置

❹ 逐个插入文本框，依次输入文字。

❺ 选择"插入"→"形状"→"线条"，设置线条为实线，颜色为白色，透明度为 12%，宽度为 5 磅，复合类型为双线，短画线类型为实线，端点类型为圆形，连接类型为斜接，前端箭头为钻石型、左箭头 5，末端箭头为开放型、右箭头 5。如图 5-26 所示。

❻ 根据图示 5-25 效果，调整文字大小、位置及颜色。

❼ 将文字全选，按 Ctrl+G 组合键，设置文字及箭头的进入动画为擦除，方向为自左侧；开始时间：与上一动画同时。

14）制作结束页 2。

结束页 2 的制作方法及效果如图 5-27 所示。

❶ 插入文本框，输入文字"再创辉煌"，调整位置、大小及颜色填充。

❷ 设置文字强调动画为放大 / 缩小；尺寸为 120%；开始时间为上一动画之后。

图 5-27　制作结束页 2

5. 项目总结

（1）过程记录

根据实际情况填写如表 5-3 所示的过程记录表。

表 5-3　过程记录表

序号	内容	思考及解决方法
1		
2		
3		
4		
5		

（2）能力提升与收获

6. 项目评价

项目结束后填写如表 5-4 所示的项目评价表。

表 5-4　项目评价表

内容	评分	小组评价	教师评价
项目分析（10分）			
项目实施（60分）			
项目总结（10分）			
知识运用（10分）			
小组合作（10分）			
合计			

拓展 ❺　制作年会颁奖典礼演示文稿

效果展示

**技能探照灯**

在本拓展项目中，你将尝试进行路径动画设置。你需要熟练掌握以下的技能：

- 📹13 文本渐变填充
- 📹26 设置毛玻璃效果（图片虚化效果）
- 📹29 为元素添加多个动画

1. 项目背景

在当前信息化时代，演示文稿作为重要的演示工具，在各类场合中发挥着举足轻重的作用。年会颁奖典礼作为公司一年一度的盛大活动，不仅是表彰优秀员工和团队的重要时刻，更是展示公司文化和理念、增强员工凝聚力和归属感的重要平台。因此，制作年会颁奖典礼演示文稿，不仅有助于提升专业技能和实践能力，更能通过实际操作加深对企业文化和理念的理解与认同。

2. 项目目标

1）优化视觉呈现，提升展示效果。

2）展现员工风采，弘扬企业文化。

3）强化团队凝聚力，激发工作热情。

年会颁奖典礼演示文稿如图 5-28、图 5-29 所示。

图 5-28　年会颁奖典礼演示文稿封面页

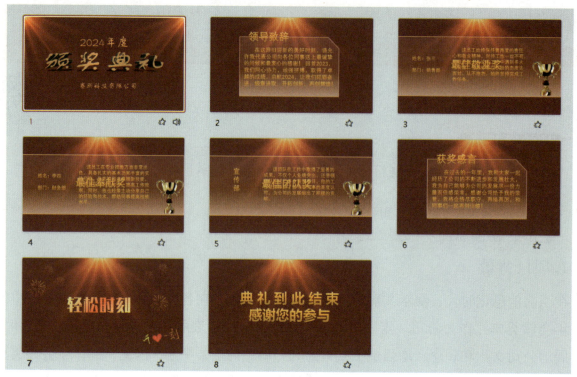

图 5-29   年会颁奖典礼演示文稿样片展示

3. 项目分析

1）目标：制作一份内容丰富、设计精美、具有吸引力的演示文稿，以展示年会颁奖典礼的核心内容。

2）内容：包括公司简介、年会主题、奖项设置、优秀员工及团队介绍、文艺表演等。

3）设计风格：简洁大气，体现企业文化和理念；动画效果、幻灯片切换方式要适度使用，使其更加生动灵活，同时确保整体风格和主题的统一；选择与主题相符的背景音乐和音效，增强演示文稿的氛围感。

学思践悟

颁奖典礼是对努力与成果的肯定，展现了团队拼搏的精神风貌。回顾荣耀时刻，感受榜样力量，体悟奋斗带来的价值与意义。

4. 项目实施

（1）演示文稿的设计

1）需求分析。

初步设计：根据方案与策略，进行初步的设计和布局。

内容填充：按照内容策划，将相关信息填入相应的幻灯片中。

视觉美化：对每一张幻灯片进行细致的美化处理，包括字体、颜色、图片等。

动画与切换效果：为幻灯片添加合适的动画效果和切换方式，提升演示文稿的互动性。

音乐与音效：选择与主题相符的背景音乐和音效，增强演示文稿的氛围感。

预览与修改：在完成每部分内容后，进行预览和修改，确保演示文稿的整体效果符合预期。

填写如表 5-5 所示的客户需求分析表。

表 5-5　客户需求分析表

项目名称	年会颁奖典礼演示文稿
初步设计	
内容填充	
视觉美化	
动画与切换效果	
音乐与音效	
预览与修改	

2）内容规划。根据需求分析，进行演示文稿的内容规划，包括文案材料和图片素材的收集整理，绘制演示文稿内容规划的思维导图。

3）版式设计。根据客户需求并结合演示文稿的内容规划，为演示文稿绘制版式设计草图，确定页面布局和配色方案，并填写如表 5-6 所示的版式设计方案表。

表 5-6　版式设计方案表

名称	文案设计	布局方案	配色设计
封面页			

续表

名称	文案设计	布局方案	配色设计
目录页			
过渡页			
内容页 1			
内容页 2			
内容页 3			

续表

续表

名称	文案设计	布局方案	配色设计
内容页 4			
内容页 5			
内容页 6			
结束页			

注：可根据自己的设计自由添加内容页。

（2）演示文稿的制作

素材搜集→编辑排版→预演调试。

5. 项目总结

（1）过程记录

根据实际情况填写如表 5-7 所示的过程记录表。

表 5-7　过程记录表

序号	内容	思考及解决方法
1		
2		
3		
4		
5		

（2）能力提升与收获

6. 项目评价

项目结束后填写如表 5-8 所示的项目评价表。

表 5-8　项目评价表

内容	评分	小组评价	教师评价
项目分析（10分）			
项目实施（60分）			
项目总结（10分）			
知识运用（10分）			
小组合作（10分）			
合计			

项目 6　制作数码产品宣传演示文稿

效果展示

1. 项目背景

中国数码产品涵盖了广泛的领域，这些产品在全球范围内都有着广泛的市场和巨大的影响力。随着技术的不断创新和市场需求的不断变化，中国数码电子行业继续保持着快速发展的势头，并不断地推陈出新。中兴是中国知名的数码品牌之一，其产品线涵盖了手机、平板电脑、智能家居等多个领域。当前，我国开启 5G-A[①] 新时代。面对 5G-A 新征程，中兴通讯一直保持高强度研发投入，持续创新芯片、算法、架构等核心底层技术，主力产品竞争力保持业界领先。这种创新精神和技术实力，对于提升中国在全球通信领域的地位具有重要意义。本项目针对中兴通讯旗下手机品牌的产品特点、优势和差异化进行重点宣传，突出其在功能、性能、用户体验等方面的优势，提高中国制造的知名度和信誉度。

2. 项目目标

1）演示文稿要全方位地展示产品的各种属性，突出产品的独特功能和优势。

2）演示文稿要体现产品的变革和技术突破，突出企业的社会责任感和创新精神，强化企业科技报国的信念。

3）演示文稿的设计要美观大方，符合品牌的形象和风格，在观看的过程中能让人感受到品牌的品质和价值。

数码产品宣传演示文稿如图 6-1、图 6-2、图 6-3 所示。

图 6-1　数码产品宣传演示文稿封面页

图 6-2　数码产品宣传演示文稿目录页

---

① 5G-A：5G-Advanced，5G 技术的增强版。

图 6-3　数码产品宣传演示文稿样片展示

3. 项目分析

1）行业分析。

随着数码产品的普及和消费者对产品了解需求的增加，数码产品演示文稿的市场需求不断增长。企业、品牌方、销售商等都需要通过演示文稿来展示数码产品的功能、特点和使用效果，以吸引消费者并增加销售额。

2）国家政策。

《"十四五"数字经济发展规划》明确了数字经济在国民经济中的重要地位，提出到 2025年，数字经济核心产业增加值占 GDP 比重达到 10%，数字经济将成为经济增长的重要驱动力之一。因此，数字经济宣传需要从多方位、多角度展开，以提高政府、社会和企业对数字经济的认知和理解，激发大家参与数字经济的热情和信心，推动数字经济的健康快速发展。

3）技术可行性。

①确定主题，使演示文稿看起来更加整洁、专业和有吸引力。

②使用幻灯片母版，快速进行版式设计，提高制作效率。

③参考品牌形象和风格指南，确保演示文稿的风格与品牌形象相符合。

4）预期效果。

通过清晰直观的视觉呈现，全面展示数码产品的创新技术与核心优势。结合产品特性，深入解析影像系统、硬件配置与设计理念，突出性能与用户体验。借助多媒体互动，增强受众对产品的认知与兴趣，提升市场吸引力，助力产品推广与应用。

> **学思践悟**
>
> 数码科技的发展推动了人们生活方式的变革。从技术创新到用户体验，探索科技演进的趋势，感受智能化带来的便利与可能性。

4.项目实施

（1）演示文稿的设计

1）需求分析。分析客户需求，填写如表 6-1 所示的客户需求分析表。客户需求分析内容包括以下五方面。

①确定目标人群。

②确定设计风格。

③确定色彩搭配。

④确定主要内容。

⑤确定版面比例。

表 6-1　客户需求分析表

项目名称	制作数码产品宣传演示文稿
目标人群	普通消费者、数码爱好者、评测机构与媒体等
设计风格	科技风
色彩搭配	以突出科技感和专业感的深蓝色为主色调，白色和灰色为辅助色
主要内容	彰显中国科技企业的实力，提升民族自豪感
版面比例	16：9

2）内容规划。根据客户需求分析，进行演示文稿的内容规划，包括文案策划和图片素材的收集整理，绘制演示文稿内容规划的思维导图，如图 6-4 所示。

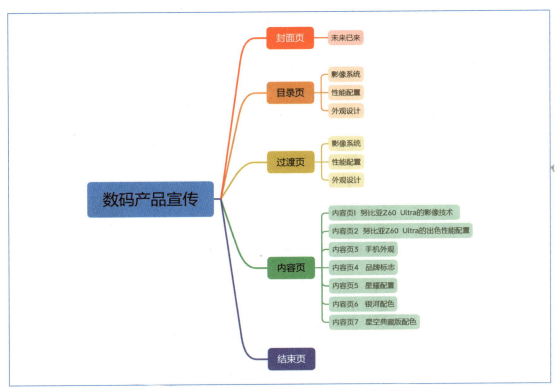

图 6-4　数码产品宣传演示文稿内容规划思维导图

3）版式设计。根据客户需求并结合演示文稿的内容规划，为演示文稿绘制版式设计草图，确定页面布局和配色方案，并完善如表 6-2 所示的版式设计方案表。

表 6-2　版式设计方案表

名称	文案设计	布局方案	配色设计
封面页	1. 封面页文案设计突出科技主题，展示科技的力量和美感。 2. 使用简洁、清晰的设计语言，以吸引观众的注意力并传达必要的信息	1. 标题：应该简洁明了，突出主题。使用大字体或字体效果来吸引观众的注意力。 2. 背景图片：选择深色或冷色调作为背景色，以突出科技感和专业感。 3. 布局和排版：避免过多的元素和文字。合理安排标题、图片、文字等元素的排版，使其具有层次感和秩序感	低饱和度的深蓝色为主色调，突出科技风
目录页	1. 在目录页上明确标注主题和关键内容，并使用适当的布局和排版来强调整体结构和内容组织。 2. 突出关键信息，如章节标题等，以便观众快速了解演示文稿的内容。 3. 通过使用不同的颜色、大小、形状或布局来区分不同层次的内容，并提供视觉上的引导	1. 颜色和字体：选择与整个演示文稿一致的颜色和字体。使用清晰、易读的字体，以确保观众在阅读目录页时能够快速获取信息。 2. 统一性：保持设计风格和视觉元素的统一性，以便在整个演示文稿中保持一致的品牌形象和风格。 3. 留白的运用：在设计中留出适当的空白，以增强页面的透气感和视觉效果。空白可以突出关键信息，并帮助观众更好地理解内容	低饱和度的深蓝色 + 白色 + 灰色
过渡页	1. 过渡页的设计应该简洁，避免过多的元素和细节。主要突出标题等关键信息，以便观众快速了解内容。 2. 通过使用适当的视觉元素和设计语言，吸引观众的注意力，让他们关注到过渡页的主要内容。例如，使用箭头、线条、图标等图形元素	1. 主题关联：过渡页的设计应该与主题相关联，以增强内容的连贯性和整体感。可以使用与主题相关的背景图片、图标或插图，以及与主题相匹配的颜色和字体。 2. 动画效果：为了增加演示文稿的互动性和生动性，可以使用一些简单的动画效果，但不要过度，以免分散观众的注意力	低饱和度的浅蓝色 + 深蓝色
内容页 1	展示产品强大的影像功能和技术创新	图片居中布局，文字分布在图片周围，层次分明，图片和文字相互配合，提升观众的阅读体验	低饱和度的深蓝色 + 白色
内容页 2	展示努比亚 Z60 Ultra 在性能方面的出色表现	选择上下结构布局，文字介绍在上方，图片在下方，增加可读性	低饱和度的深蓝色 + 白色 + 灰色

续表

名称	文案设计	布局方案	配色设计
内容页3	展示努比亚 Z60 Ultra 两款颜色的外观	两个图片左右排列，结构清晰明了，图片与背景形成鲜明的对比，突出产品的外观特点	低饱和度的深蓝色+白色
内容页4	展示努比亚 Z60 Ultra 手机的动态效果	1.采用平滑切换方式，将手机图片切换到标志，给予观众以视觉冲击。2.为接下来手机外观的详细介绍拉开帷幕	低饱和度的深蓝色+白色
内容页5	介绍赛博朋克未来主义色彩的配色风格：星曜	选择上下结构布局，均衡统一、主题突出、条理分明，界面简洁清晰，同类型的文字和图片出现在页面相同的位置，便于阅读，明确各部分之间的层次关系	低饱和度的深蓝色+白色
内容页6	介绍赛博朋克未来主义色彩的配色风格：银河	同上	低饱和度的深蓝色+白色
内容页7	介绍梵高画作的情绪表达和经典色彩的配色风格：星空典藏版	同上	低饱和度的深蓝色+白色
结束页	感谢观众的聆听	结束页选用的动画效果和封面页相同，前后呼应	低饱和度的深蓝色为主色调，突出科技风

注：可根据自己的设计自由添加内容页。

（2）演示文稿的制作

1）制作封面页。

封面页选择了与科技演示文稿内容相符合的图片填充背景，并保持封面页的色彩协调。图片以深蓝色为主色调，突出了科技感。标题使用大字体，突出了主题。封面页的图片背景、插入的形状、标题字体颜色都使用渐变色，增加了视觉效果和吸引力。形状及文字效果的制作步骤如图6-5、图6-6所示。

① 新建演示文稿，设置版面比例为16：9，设置背景为图片填充，选择素材图片1。

② 插入素材图片2。

③ 插入圆角矩形，设置形状为无边框。设置填充方式为渐变填充。复制完成的圆角矩形，将两个圆角矩形居中摆放整齐，填充文字。

图 6-5　制作形状效果

④ 输入文字"未"，设置文本选项，设置填充方式为渐变填充，渐变样式为线性渐变。

⑤ 完成其他文字的制作，调整四个文字的高度，使其具有错落效果。

⑥ 添加副标题，进一步说明演示文稿的主题。完成封面页制作。

图 6-6　制作文字效果

拓展延伸

在编辑幻灯片时，用户可以根据需要自行设置背景样式。如果将图片作为幻灯片背景，那么在选择图片的时候，一定要注意分辨率问题，否则放大之后图片会变模糊，大大降低用户的阅读体验。颗粒感强、模糊不清或尺寸太小的图片都会在屏幕上像素化，给演示文稿的信息传递造成影响。

2）制作目录页。

目录页使用渐变填充样式，保持与封面页设计风格和视觉元素的统一。"目录"二字和各个章节的标题应选择不同的字体、颜色和布局方式，以突出重点和层次感。矩形和平行四边形的使用增加了导航性。合适的图片和排版可以确保目录页的易读性和美观度。目录页的操作步骤如图 6-7 所示。

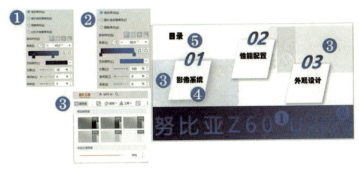

图 6-7　制作目录页

❶ 插入矩形，使用渐变填充效果。

❷ 设置文字为渐变填充，渐变样式为线性渐变。

❸ 插入素材图片 4 和图片 5，调整透明度。

❹ 插入三个平行四边形，纯色填充，并调整位置。

❺ 添加目录文字，完成目录页制作。

3）制作过渡页。

应保持过渡页的颜色、字体、布局等元素与演示文稿的整体风格相符合，以确保观众能够顺利地从一个页面过渡到另一个页面。本项目中使用幻灯片母版设置过渡页的样式。母版中设置好的效果统一应用在过渡页上，可以快速地进行版式设计，提高制作效率。操作步骤如图 6-8、图 6-9 所示。

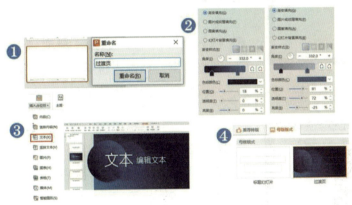

图 6-8　制作过渡页母版版式

❶ 重新命名幻灯片母版中的版式为"过渡页"。

❷ 设置背景为图片填充，方法同封面页。

❸ 插入两个占位符，选择文本，并调整文本的字体和字号。

❹ 在普通视图下新建幻灯片，更改母版版式为"过渡页"。

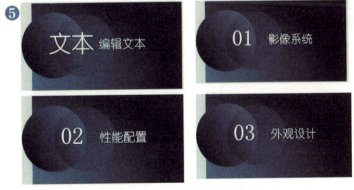

❺ 编辑文字，更改母版版式为"过渡页"，完成 3 个过渡页的制作。

图 6-9　制作过渡页

拓展延伸

　　母版用于设置幻灯片的样式，包括已设定格式的占位符，修改母版的内容之后，可以将更改过的样式应用在所有幻灯片上。在母版中所做的设计，在普通视图下无法编辑修改。打开母版的方法：①选择"视图"选项卡的"幻灯片母版"选项；②选择"设计"选项卡的"母版"选项。

　　4）制作内容页1。

　　本项目通过幻灯片母版统一设计内容页使用的版式，体现内容页简洁、清晰和一致的设计风格。内容页1将表现产品强大影像功能的图片放置在中间位置，文字放置在图片周围，图片和文字相互配合，操作步骤如图6-10、图6-11所示。

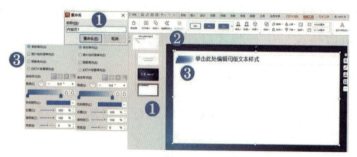

图6-10　制作内容页1母版版式

① 重命名幻灯片母版中的版式为"内容页1"，删除不需要的幻灯片母版。

② 设置背景为图片填充，插入圆角矩形，调节弧度，设置形状为无边框。

③ 插入两个平行四边形，渐变填充，调整位置，插入占位符，选择文本，并调整文本的字体和字号。

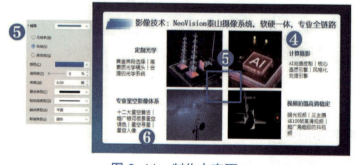

图6-11　制作内容页1

④ 新建幻灯片，更改母版版式为"内容页1"，添加标题文字，插入素材图片6~9。

⑤ 插入矩形，设置填充、轮廓和线条。

⑥ 放置文字在图片周围，完成内容页1的制作。

　　5）制作内容页2。

　　内容页2选择上下结构布局，突出努比亚Z60 Ultra在性能方面的出色表现。文字介绍放置到上面部分，详细介绍产品的性能配置。图片放置到下面部分，与文字内容相呼应，图片采用倒影效果，使之更加生动、有趣和引人注目。幻灯片使用开门切换效果，可以将观众的注意力从过渡页引导至内容页2，使演示更加流畅和连贯，操作步骤如图6-12所示。

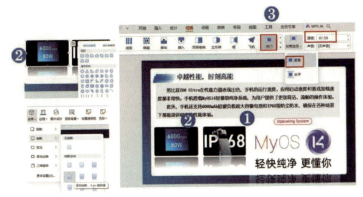

图 6-12 制作内容页 2

❶ 新建幻灯片，更改母版版式为"内容页 2"，添加标题文字。插入矩形，设置大小和颜色。

❷ 插入素材图片 10~12，选择"裁剪形状"为"圆角矩形"，改变弧度，设置图片效果。

❸ 设置幻灯片切换效果为"开门"，设置效果选项和速度，完成内容页 2 的制作。

6）制作内容页 3。

内容页 3 中的左右两张图片对称排列，展示产品的背部设计，背部设计影像模组区延伸至手机边缘，呈现无界的视觉震撼。图片中间遮挡的标志图片为观众留下了悬念，可以激发观众的好奇心，操作步骤如图 6-13 所示。

图 6-13 制作内容页 3

❶ 复制内容页 2 版式，重命名为"内容页 3"。

❷ 删除内容页 2 版式中的矩形和文本。

❸ 插入素材图片 13~15，并调整图片的大小和位置，完成内容页 3 的制作。

7）制作内容页 4。

内容页 3 到内容页 4 使用了相似元素，对内容页 4 应用平滑切换效果，可以让两张幻灯片之间的过渡更加自然、流畅，避免了突然跳转带来的突兀感。平滑切换增强了演示的视觉连贯性，使观众更容易理解和接受演示内容，为接下来手机外观的详细介绍拉开帷幕，操作步骤如图 6-14 所示。

图 6-14 制作内容页 4

❶ 新建版式为"内容页 4"的幻灯片，插入素材图片 13~15，并调整图片的大小和位置。

❷ 设置幻灯片切换效果为"平滑"，设置速度，完成内容页 4 的制作。

 **拓展延伸**

　　为了实现平滑切换效果，两张幻灯片之间需要有一个共同的对象。此外，在WPS的不同版本中，平滑切换的具体操作方法可能会有所不同，用户需要根据自己使用的版本进行相应的调整。在WPS演示中，可以使用动画效果来增强平滑切换的效果。例如，可以给对象添加进入、退出、强调、路径等动画效果，以达到更加生动、立体的展示效果。

　　8）制作内容页5。

　　内容页5选择上下结构布局，将同类型的文字和图片放置在页面相同的位置，为展示产品三种配色打下基础。内容页5为观众呈现了星曜配色，通过向上推出切换效果，可以将星曜配色效果直观地呈现给观众，加深观众对赛博朋克未来主义色彩的印象，操作步骤如图6-15所示。

❶ 新建版式为"内容页5"的幻灯片，添加标题文字。插入素材图片16~18，并调整图片的大小和位置。

❷ 设置幻灯片切换效果为"推出"，效果选项为"向上"，设置速度，完成内容页5的制作。

图6-15　制作内容页5

　　9）制作内容页6。

　　内容页6应用平滑切换效果，由星曜配色平滑过渡到银河配色，由黑色到白色的变化可以给观众带来视觉上的冲击和新鲜感。内容页6进一步展示了将赛博朋克未来主义色彩美学应用在手机上的设计理念，体现了产品金属质感与玻璃的流光溢彩相融合的特点，操作步骤如图6-16所示。

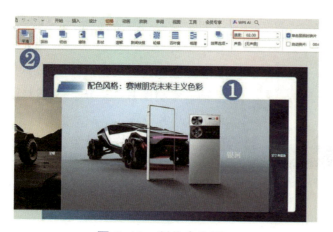

❶ 新建版式为"内容页6"的幻灯片，添加标题文字。插入素材图片19~21，并调整图片的大小和位置。

❷ 设置幻灯片切换效果为"平滑"，设置速度，完成内容页6的制作。

图6-16　制作内容页6

10）制作内容页 7。

内容页 7 应用平滑切换效果，由赛博朋克未来主义色彩切换到艺术性的配色。两种配色的对比突出了星空典藏版的不同之处，幻灯片中的图片呈现出产品独特的裸眼 3D 星钻浮雕效果。这种设计使得努比亚 Z60 Ultra 不仅具有实用性，还具有艺术性和收藏价值，操作步骤如图 6-17 所示。

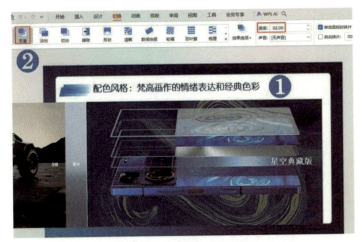

图 6-17　制作内容页 7

❶ 新建版式为"内容页 7"的幻灯片，添加标题文字。插入素材图片 22~24，并调整图片的大小和位置。

❷ 设置幻灯片切换效果为"平滑"，设置速度。完成内容页 7 的制作。

11）制作结束页。

结束页的设计可以使用封面页的版式，把内容改成感谢聆听。效果如图 6-18 所示。

图 6-18　结束页效果图

5. 项目总结

（1）过程记录

根据实际情况填写如表 6-3 所示的过程记录表。

表 6-3 过程记录表

序号	内容	思考及解决方法
1		
2		
3		
4		
5		

（2）能力提升与收获

6. 项目评价

项目结束后填写如表 6-4 所示的项目评价表。

表 6-4 项目评价表

内容	评分	小组评价	教师评价
项目分析（10分）			
项目实施（60分）			
项目总结（10分）			
知识运用（10分）			
小组合作（10分）			
合计			

拓展 ⑥ 制作新能源汽车营销与策划演示文稿

效果展示

技能探照灯

在本拓展项目中，你将尝试进行背景填充及排版、文件的加密保护。你需要熟练掌握以下的技能：

- □ 4 设置幻灯片页码
- □ 7 渐变形状
- □ 28 多图片排版技巧
- □ 32 文件加密保存

1. 项目背景

在汽车电动化和智能网联化的趋势中，汽车与人的关系被重新定义，汽车从传统的"出行工具"化身为由一部 Pad 加四个轮子组成的"智能化空间"，为汽车行业未来的发展创造出充满想象的空间。在拥抱变革的过程中，我国新能源汽车企业不断加强三电技术创新、布局关键核心材料领域，产品智能网联化日趋成熟，企业规划有效产能更加合理。展望未来，我国新能源汽车产业已经成为新一轮技术革命、能源革命、交通革命、信息革命、人工智能革命及城市治理创新的交汇点，将构造全新的智能出行生态系统，有力支撑我国"双碳"目标的实现。

2. 项目目标

1）认识新能源汽车的环保、节能等优势，树立绿色出行的理念。

2）积极推广新能源汽车的应用和普及，增强社会责任感和创新精神。

3）掌握演示文稿添加背景的方法，培养幻灯片配色的审美能力。

新能源汽车营销与策划演示文稿如图 6-19、图 6-20、图 6-21 所示。

图 6-19 新能源汽车营销与策划演示文稿封面页 　图 6-20 新能源汽车营销与策划演示文稿目录页

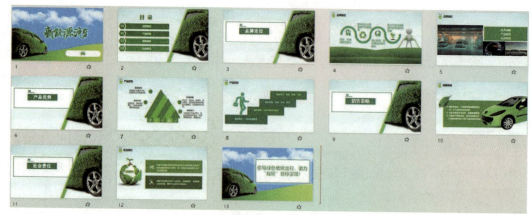

图6-21　新能源汽车营销与策划演示文稿样片展示

3. 项目分析

1）行业分析：发展新能源汽车已经成为各国减少温室气体排放、改善全球生态环境的共同选择。中国是最早确定发展新能源汽车国家战略的国家。现在，美国、欧盟也纷纷加大了支持力度，把新能源汽车作为绿色发展的一个重要领域去推进。

2）技术可行性：自定义配色方案；设置字体，自定义版式布局。

3）预期效果：通过系统梳理新能源汽车的技术特点、市场趋势与政策支持，全面展示其环保优势与智能化创新。结合营销策略，深入分析目标市场、用户需求及推广模式，探索品牌塑造与市场竞争力的提升路径。借助多媒体呈现，增强受众对新能源汽车的认知与认可，助力可持续出行理念的推广与实践。

学思践悟

绿色出行已成为全球发展趋势，新能源汽车产业迎来快速发展。了解技术革新、市场变迁，感受新能源时代带来的变革与机遇。

4. 项目实施

（1）演示文稿的设计

1）需求分析。分析客户需求，填写如表6-5所示的客户需求分析表。客户需求分析内容包括以下五方面。

①确定目标人群。

②确定设计风格。

③确定色彩搭配。

④确定主要内容。

⑤确定版面比例。

表 6-5　客户需求分析表

项目名称	制作新能源汽车营销与策划演示文稿
目标人群	
设计风格	
色彩搭配	
主要内容	
版面比例	

2）内容规划。根据客户需求分析，进行演示文稿的内容规划，包括文案材料和图片素材的收集整理，绘制演示文稿内容规划的思维导图。

3）版式设计。根据客户需求并结合演示文稿的内容规划，为演示文稿绘制版式设计草图，确定页面布局和配色方案，并填写如表 6-6 所示的版式设计方案表。

表 6-6　版式设计方案表

名称	文案设计	布局方案	配色设计
封面页			
目录页			
过渡页			

续表

名称	文案设计	布局方案	配色设计
内容页 1			
内容页 2			
内容页 3			
内容页 4			
内容页 5			
内容页 6			
结束页			
注：可根据自己的设计自由添加内容页。			

（2）演示文稿的制作

素材搜集→编辑排版→预演调试。

5. 项目总结

（1）过程记录

根据实际情况填写如表 6-7 所示的过程记录表。

表 6-7　过程记录表

序号	内容	思考及解决方法
1		
2		
3		
4		
5		

（2）能力提升与收获

6. 项目评价

项目结束后填写如表 6-8 所示的项目评价表。

表 6-8　项目评价表

内容	评分	小组评价	教师评价
项目分析（10分）			
项目实施（60分）			
项目总结（10分）			
知识运用（10分）			
小组合作（10分）			
合计			

项目 7　制作企业财务年度总结报告演示文稿

效果展示

技能探照灯

通过对本项目的学习，你将掌握如何插入图表和智能图形。对应技能点操作视频：

- 📹13 文本渐变
- 📹19 组合图表
- 📹20 表格样式的调整

1. 项目背景

随着经济的迅猛发展和市场竞争的加剧，企业财务管理的重要性愈发显著。作为企业经营管理的核心，财务管理不仅关乎企业的经济效益，更能体现企业的社会责任与担当。制作企业财务年度总结报告演示文稿，要发扬"爱国、创业、求实、奉献"的企业精神，贯彻"诚信、创新、业绩、和谐、安全"的核心理念，实践"敬业奉献、创造和谐"的企业宗旨，全面回顾一年来的财务运营状况，总结经验教训、发现潜在问题、制定改进措施，彰显财务管理团队的政治素养和专业能力，推动企业稳健、可持续发展。

2. 项目目标

1）清晰呈现数据：梳理企业一年来的财务数据，包括收入、支出、利润、资产、负债等方面，揭示企业财务状况的变化趋势和潜在问题。

2）强化视觉效果：运用颜色、字体、布局等视觉元素，提升演示文稿的整体美观度和吸引力，使其更具专业感。

3）掌握智能图形插入与编辑的方法，能够为智能图形设置特殊效果。

企业财务年度总结报告演示文稿如图 7-1 所示。

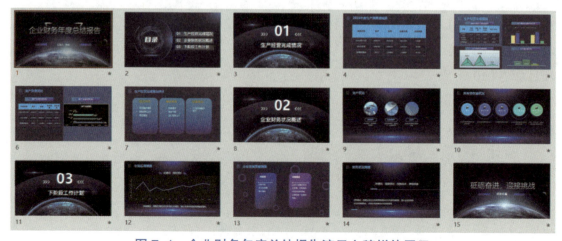

图 7-1　企业财务年度总结报告演示文稿样片展示

3. 项目分析

1）行业分析。

随着全球经济和市场的快速发展，财务管理在企业运营管理中的地位越发重要。企业财务年度总结报告作为财务管理的重要环节之一，也得到了越来越多的关注和应用。在市场竞争中，企业需要不断提高自身的财务管理水平，以应对复杂多变的市场环境和竞争压力。因此，制作一份高质量的企业财务年度总结报告演示文稿对于企业的可持续发展具有重要意义。

2）国家政策。

国家一直高度重视企业财务管理和内部控制工作，出台了一系列相关政策和法规，如《企业会计准则》《中华人民共和国公司法》等。这些政策和法规的出台，为企业财务管理提供了指导和支持，同时也对企业财务管理的规范化和科学化提出了更高的要求。因此，企业在制作财务年度总结报告演示文稿时，需要充分考虑国家的政策和法规要求，确保报告内容的合法性和合规性。

3）技术可行性。

①智能化图形技术简化了烦琐的设计过程，提高了设计效率。

②根据输入的内容自动调整版式、字体、颜色等，提高了演示文稿的一致性和美观度。

③支持个性化定制，更加符合客户要求。

4）预期效果。

通过本项目的实施，企业将全面展示一年的财务状况，为决策层提供准确、全面的财务数据支持。同时，通过对财务状况的分析和评估，提出改进措施和建议，促进企业财务管理水平的提升和经济效益的提高。此外，通过演示文稿的展示，可以提高企业财务管理的透明度和公信力，增强投资者和合作伙伴的信心。

学思践悟

财务数据记录着企业经营状况与发展轨迹。梳理财务信息，分析经营成果，思考企业可持续发展的方向。

4. 项目实施

（1）演示文稿的设计

1）需求分析。分析客户需求，填写如表 7-1 所示的客户需求分析表。客户需求分析内容包括以下五方面。

①确定目标人群。

②确定设计风格。

③确定色彩搭配。

④确定主要内容。

⑤确定版面比例。

表 7-1   客户需求分析表

项目名称	企业财务年度总结报告
目标人群	企业领导、股东、投资者、合作伙伴、财务部门及相关部门负责人
设计风格	专业、简洁、大方、高质感
色彩搭配	采用蓝色为主色调，体现稳重与专业，运用其他近似色作为辅助，增加层次感
主要内容	生产经营完成情况、企业财务状况概述、下阶段工作计划
版面比例	16：9

2）内容规划。根据客户需求分析，进行演示文稿的内容规划，包括文案策划和智能化图形素材的收集整理，绘制演示文稿内容规划的思维导图，如图 7-2 所示。

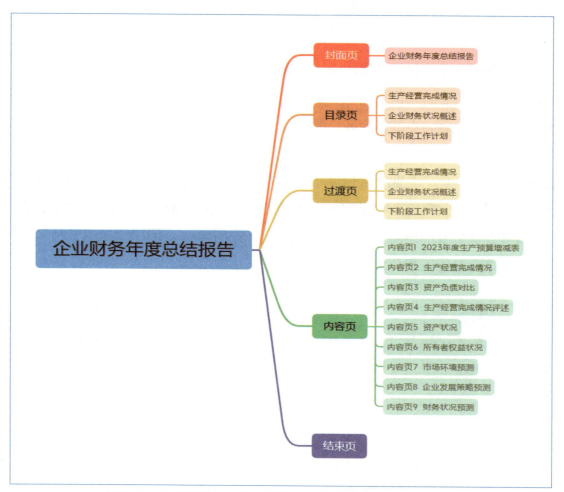

图 7-2   企业财务年度总结报告演示文稿内容规划思维导图

3）版式设计。根据客户需求并结合演示文稿的内容规划，为演示文稿绘制版式设计草图，确定页面布局和配色方案，并完善如表 7-2 所示的版式设计方案表。

表 7-2 版式设计方案表

名称	文案设计	布局方案	配色设计
封面页	1.主题文字：放在封面页的视觉中心位置，使用较大字号或加粗字体，突出并确保主题字清晰易读。 2.装饰文字：用来补充主题字，围绕主题字适当放置	1.封面页文案设计应考虑简明扼要，具有吸引力，并与主题相关。 2.运用方与圆的对比，以达到最好的视觉传达效果	整体色调为深蓝色，文字采用由白到灰的渐变色，用明度较高的图标修饰页面
目录页	文案简洁明了，用尽量少的文字概括每个章节的内容	根据内容结构，将主要章节进行合理的层次划分，使目录呈现清晰的结构	低饱和度的蓝紫色为主色调
过渡页 1~3	1.字体为"微软雅黑"。 2.注意元素的大小对比	1.用圆弧分割页面，背景图片突出科技感。 2.焦点式构图	背景为蓝色，文字为白色，形成强对比，增加辨识度
内容页 1	插入 2023 年度生产预算增减表	插入表格，并进行表格的编辑与美化。页面布局突出层次感，增加画面视觉吸引力和冲击力	近似色对比
内容页 2	1.插入生产指标完成情况表。 2.插入三个对比图。 3.采用柱状图显示数据对比	用线条分割页面，并用色块衬托图标，使页面更具有可读性	既有不同明度蓝色间的同类色对比，又有蓝色和绿色的中差色对比，也有蓝色和黄色的强对比
内容页 3	1.插入资产负债对比表。 2.插入对比图	采用条形图横排文字排版，区块化结构，让页面层次清晰易读	色块的衬托增强辨识度
内容页 4	提炼关键词，综合评述生产经营完成情况	选用左右并列式排版，配合精炼的文字，让信息更具有辨识度	小标题采用黄色，与蓝色背景对比较强，突出主题
内容页 5	资产状况	采用并列智能化图形横排文字排版，区块化结构，让页面层次清晰易读	近似色配色
内容页 6	所有者权益状况	采用流程智能化图形横排文字排版，区块化结构，让页面层次清晰易读	中差色配色
内容页 7	1.市场环境预测。 2.添加色块装饰文字	1.采用折线图生动形象地显示市场环境情况，让内容更加清晰易懂。 2.用色块衬托折线图，增强可读性	近似色配色

续表

名称	文案设计	布局方案	配色设计
内容页8	1.企业发展策略预测。 2.色块衬托。 3.线条分割	用色块和线条衬托文字，左右并列式排版，周围用圆形装饰页面	蓝色色调为主
内容页9	财务状况预测	采用横排文字排版，借助线条区块化结构，使页面层次清晰易读	近似色配色
结束页	运用文字"砥砺奋进，迎接挑战"鼓舞士气	中心式构图	近似色配色
注：可根据自己的设计自由添加内容页。			

（2）演示文稿的制作

1）制作封面页。

新建"企业财务年度总结汇报"演示文稿，用素材图片1填充封面页背景。为了营造"科技风"效果，渐变形状和光效是必不可少的。封面页背景图片就用发光的地球和渐变的镂空三角形体现满满的科技风，操作步骤如图7-3所示。

❶ 输入文字"企业财务年度总结报告"，设置字体为"微软雅黑"，字号为72。

❷ 输入汇报人及时间等信息，字体设为"微软雅黑"，字号为20.3。

图 7-3　制作封面页

拓展延伸

制作科技风演示文稿一般采用深色背景，有时也会选择荧光色搭配浅色背景，比如用"荧光绿""荧光蓝"等色彩搭配浅蓝色背景。而渐变形状和光效元素的使用则是体现科技风的利器。字体设计可以采用简练、利落的笔形，可以将字体倾斜，也可以进行断笔处理，以突显科技感特色，如图7-4所示。

图 7-4 科技风设计示例

2）制作目录页。

新建幻灯片，用素材图片 2 填充背景，插入圆角矩形，填充为白色，透明度设为 80%，制作出半透明的效果。然后输入小标题，操作步骤如图 7-5 所示。

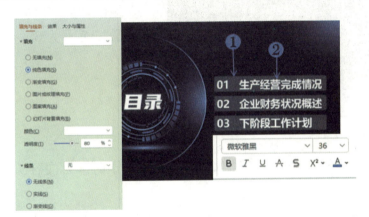

❶ 编辑形状。
❷ 编辑文字。

图 7-5 制作目录页

3）制作过渡页。

新建幻灯片，用素材图片 3 填充背景，插入文字"01"，用"燕尾形"形状进行装饰，形成视觉的引导效果。插入圆角矩形，用深蓝色填充，降低透明度，产生半透明效果，输入文字"生产经营完成情况"，完成过渡页 1 的制作。操作步骤如图 7-6 所示。其他过渡页可效仿过渡页 1 完成，不再详述。

❶ 插入文字"01"，调整字体为"微软雅黑"，字号为 138。
❷ 插入形状"燕尾形"，用灰色填充。
❸ 编辑圆角矩形。
❹ 输入主题文字。

图 7-6 制作过渡页

4）制作内容页1。

①新建幻灯片，用素材图片4填充背景，插入一个圆形，设为无线条，用蓝色填充。将蓝色圆形复制3份，纵向排列。选中这4个圆形，按Ctrl+D组合键复制一份，放在第一组圆形右侧，再复制3次，一共得到5组纵向排列的蓝色圆形。从左到右，将每一组的透明度依次设置为0%，20%，40%，60%，80%，填充为渐变效果。全选所有圆形，按Ctrl+G组合键，将它们组合起来，放置在幻灯片左上方。输入文字"2023年度生产预算增减表"。操作步骤如图7-7所示。

❶ 制作图标，填充为渐变效果。
❷ 编辑文字，字体设为"微软雅黑"，字号为30。

图7-7　制作内容页标题

将内容页1复制8份，对照样片修改每张幻灯片的标题，分别作为内容页2~9的基础内容。

②用WPS软件打开"2023年度生产预算增减表"文件，复制文件中的表格内容，粘贴到内容页1中。单击表格边框，拖曳至合适大小。选中表格中所有文字，在"开始"选项卡中设置合适的字体、字号，进行居中设置。在"表格样式"选项卡中可以自动套用格式或者自定义表格样式。选中第一行，填充为浅蓝色，选中第3~5行，填充为深蓝色。操作步骤如图7-8所示。

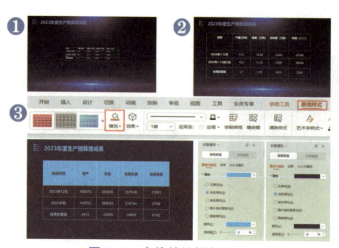

❶ 插入表格。
❷ 调整行和列的宽度与高度。
❸ 表格的美化。

图7-8　表格的编辑与美化

拓展延伸

　　通过插入的方式在演示文稿中添加表格，还可以选择"插入"选项卡的"表格"下拉按钮，通过选择表格网格模型插入需要的表格，也可以选择"插入表格"选项，在弹出的"插入表格"对话框中输入列数和行数，单击"确定"按钮，然后在表格中输入数据即可。

　　5）制作内容页2。

　　①插入簇状柱形图，用鼠标右键单击簇状柱形图，选择"编辑数据"选项，在弹出的WPS演示图表中，输入要展示的内容，然后进行图表的美化。选中图表，将光标移至图表边框的控制点上，当其变为双向箭头时，拖曳鼠标调节图表大小。将光标移至图表边框，当其变为四向箭头时，拖曳鼠标到合适的位置后松开，即可更改边框位置。选中表格在"开始"选项卡中设置字体。选中表格，在"绘图工具"选项卡中单击"轮廓"下拉按钮，选择合适的"线型""虚线线型""主题颜色"。操作步骤如图7-9所示。

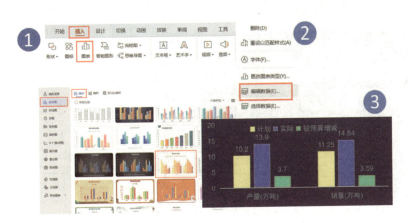

　❶ 选中内容页2幻灯片，选择"插入"→"图表"选项，在弹出的对话框中选择"柱形图"→"簇状柱形图"选项。

　❷ 编辑生产数据。

　❸ 美化图表。

图7-9　插入簇状柱形图

　　②用同样的方式，插入"三维立体多彩柱形图"，并编辑数据、美化图表。最终效果如图7-10所示。

　　③插入"立体柱形图"，编辑利润数据，美化图表。完成效果如图7-11所示。

图7-10　三维立体多彩柱形图完成效果

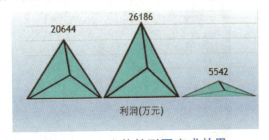

图7-11　立体柱形图完成效果

　　④内容页2图表较多，看上去比较杂乱，因此，可通过插入线条和矩形，分割版面，增加层次，对页面进行整体的美化，并添加小标题增加可读性。完成效果如图7-12所示。

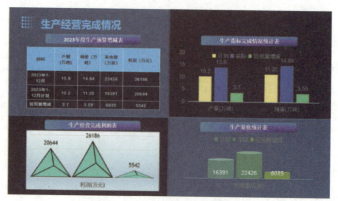

图 7-12　内容页 2 效果图

6）制作内容页 3。

插入表格与标题。复制内容页 1 中的表格，粘贴至内容页 3，调整后置于左侧，复制内容页 2 中的小标题，粘贴至内容页 3，编辑标题文字，添加矩形色块。选择"插入"→"图表"→"条形图"→"簇状条形图"选项，用鼠标右键单击簇状条形图，编辑资产负债数据，美化图表，调整后置于右侧。效果如图 7-13 所示。

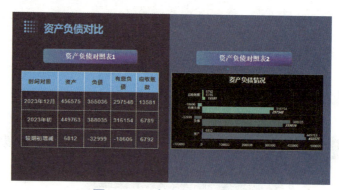

图 7-13　内容页 3 效果图

7）制作内容页 4。

选中内容页 4，插入圆角矩形，拖曳黄色控制点，调整弧度到合适大小，填充渐变颜色，输入文字。操作步骤如图 7-14 所示。

❶ 插入圆角矩形。
❷ 输入文字。

图 7-14　制作内容页 4

8）制作内容页5。

选中内容页5，选择"插入"→"智能图形"选项，在弹出的对话框中选择"并列"→"3项"→"智能化图形"选项，在"绘图工具"选项卡中修改对应图形中的线型和填充颜色，编辑美化文字。完成效果如图7-15所示。

9）制作内容页6。

选中内容页6，选择"插入"→"智能图形"选项，在弹出的对话框中选择"流程"→"5项"→"智能化图形"选项，插入流程式智能图形。单击其中的单个图形或线条，在"绘图工具"选项卡中修改颜色，并编辑文字。完成效果如图7-16所示。

图7-15　内容页5效果图

图7-16　内容页6效果图

10）制作内容页7。

选中内容页7，插入矩形，填充为深灰色。选择"插入"→"图表"→"折线图"选项，插入预设图表，在"图表工具"选项卡中可修改配色方案。用鼠标右键单击折线图，编辑市场环境预测数据。最后编辑文字，添加蓝色平行四边形进行修饰。完成效果如图7-17所示。

11）制作内容页8。

选中内容页8，插入圆角矩形，设置三色渐变效果。将圆角矩形复制一份。输入文字，用线条对标题和内容进行分割，增强阅读的流畅性，再用圆形修饰页面。效果如图7-18所示。

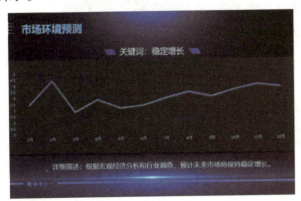

图7-17　内容页7效果图

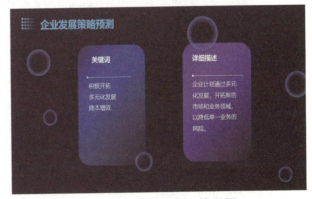

图7-18　内容页8效果图

12）制作内容页9。

选中内容页9，输入文字，插入圆角矩形和直线进行修饰并分割版面。完成效果如图7-19所示。

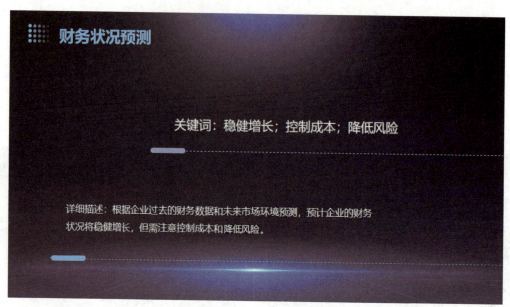

图7-19　内容页9效果图

13）制作结束页。

对照封面页，完成结束页制作，如图7-20所示。设置合适的动画和切换效果，保存文件。

图7-20　结束页效果图

14）完成演示文稿。

根据需要设置幻灯片切换效果，并保存文件。

5. 项目总结

（1）过程记录

根据实际情况填写如表 7-3 所示的过程记录表。

表 7-3　过程记录表

序号	内容	思考及解决方法
1		
2		
3		
4		
5		

（2）能力提升与收获

6. 项目评价

项目结束后填写如表 7-4 所示的项目评价表。

表 7-4　项目评价表

内容	评分	小组评价	教师评价
项目分析（10分）			
项目实施（60分）			
项目总结（10分）			
知识运用（10分）			
小组合作（10分）			
合计			

拓展 7　制作企业销售年终总结演示文稿

效果展示

技能探照灯

在本拓展项目中，你将尝试进行一键快速将文本输出为演示文稿、文件的输出。你需要熟练掌握以下的技能：
- 📹3 快速设计演示文稿的模版样式
- 📹5 快速调整幻灯片的设计风格
- 📹6 由文版快速创建幻灯片
- 📹34 文件的输出设置

1. 项目背景

随着全球经济的不断发展，企业销售作为公司运营的核心环节之一，对公司的整体发展和市场竞争力的提升至关重要。每年的销售年终总结不仅是对过去一年销售成绩的回顾，更是对未来销售策略和方向的规划。制作一份专业、简洁、清晰的企业销售年终总结演示文稿，可以为企业销售团队提供一个全面、系统地展示销售数据和成果的平台，以便企业领导、股东、合作伙伴等相关人员能够直观地了解企业在过去一年的销售表现，并对未来的销售战略进行规划和调整。

2. 项目目标

1）系统地梳理和展示企业在过去一年的销售情况，突出企业在销售过程中的亮点和成就。

2）通过图表、数据可视化等方式，直观地展示销售趋势和变化，为企业决策提供参考。

3）通过演示文稿中的智能图形，使演示文稿更加生动、形象。

企业销售年终总结演示文稿如图 7-21、图 7-22、图 7-23 所示。

图 7-21　企业销售年终总结演示文稿封面页

图 7-22　企业销售年终总结演示文稿目录页

图 7-23　企业销售年终总结演示文稿样片展示

3. 项目分析

1）行业分析：通过深入分析市场趋势、客户需求和竞争对手，企业可以更加合理地配置资源，优化销售渠道和产品结构，提高销售效率和盈利能力。通过总结明确未来的销售目标和战略方向，为企业员工提供清晰的行动指南。

2）技术可行性：绘制形状；提炼文字；图文混排。

3）预期效果：通过数据分析、案例展示和可视化图表，全面回顾本年度的销售业绩、市场拓展成果及团队表现。总结销售增长点与挑战，明确下一年度的目标和策略。通过清晰的逻辑结构和直观的呈现方式，增强团队对年度工作的认同感，激励士气，并为未来的发展提供有力支持，助力公司持续增长。

学思践悟

复盘年度销售成果，分析市场变化，探讨业务增长的关键因素。通过数据洞察行业趋势，思考未来的发展策略。

4. 项目实施

（1）演示文稿的设计

1）需求分析。分析客户需求，填写如表7-5所示的客户需求分析表。客户需求分析内容包括以下五方面。

①确定目标人群。

②确定设计风格。

③确定色彩搭配。

④确定主要内容。

⑤确定版面比例。

表 7-5　客户需求分析表

项目名称	制作企业销售年终总结演示文稿
目标人群	
设计风格	
色彩搭配	
主要内容	
版面比例	

2）内容规划。根据客户需求分析，进行演示文稿的内容规划，包括文案材料和图片素材的收集整理，绘制演示文稿内容规划的思维导图。

3）版式设计。根据客户需求并结合演示文稿的内容规划，为演示文稿绘制版式设计草图，确定页面布局和配色方案，并填写如表 7-6 所示的版式设计方案表。

表 7-6   版式设计方案表

名称	文案设计	布局方案	配色设计
封面页			
目录页			
过渡页			
内容页 1			
内容页 2			

续表

名称	文案设计	布局方案	配色设计
内容页 3			
内容页 4			
内容页 5			
内容页 6			
内容页 7			
结束页			

注：可根据自己的设计自由添加内容页。

（2）演示文稿的制作

素材搜集→编辑排版→预演调试。

5. 项目总结

（1）过程记录

根据实际情况填写如表 7-7 所示的过程记录表。

表 7-7   过程记录表

序号	内容	思考及解决方法
1		
2		
3		
4		
5		

（2）能力提升与收获

6. 项目评价

项目结束后填写如表 7-8 所示的项目评价表。

表 7-8   项目评价表

内容	评分	小组评价	教师评价
项目分析（10分）			
项目实施（60分）			
项目总结（10分）			
知识运用（10分）			
小组合作（10分）			
合计			

项目 8　　制作短视频平台运营演示文稿

效果展示

技能探照灯

此项目为综合实训，对应的技能点操作视频：
- 13 文本渐变填充
- 21 图标的使用
- 25 图片排版
- 29 为多元素添加多个动画

1. 项目背景

新时代催生新技术，新技术孕育新青年，如何引领新青年读懂新时代，拓展创新发展新途径，是摆在我们面前的时代课题。近年来，随着移动互联网技术的迅速发展，以"抖音""快手"为代表的短视频行业以其便捷性、娱乐性、碎片化的特点，呈现了爆发式增长，一大批年轻人成为短视频时代的深度用户和忠实拥趸。短视频市场规模持续扩大，给青年创业者提供了广阔的舞台。本项目将探究短视频运营的"独家秘笈"，揭秘短视频的"技术之机"，核心内容的"以短见长"，促进青年一代的"朋辈学习"，引领短视频运营优化创新，促进行业健康发展。

2. 项目目标

1）掌握短视频运营的基本技巧，能够独立运营自己的短视频 IP。

2）能够根据不同平台的特点制定运营策略。

3）演示文稿具有设计特色，页面布局美观、色彩和谐。

短视频平台运营演示文稿如图 8-1、图 8-2、图 8-3 所示。

图 8-1　短视频平台运营演示文稿封面页

图 8-2　短视频平台运营演示文稿目录页

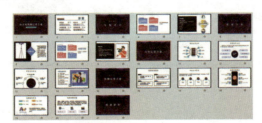

图 8-3　短视频平台运营演示文稿样片展示

3. 项目分析

1）短视频平台运营演示文稿的重要性在于能够传达核心理念、展示功能与特点、建立品牌认知，以及吸引投资者和合作伙伴的注意力。一个好的演示文稿可以帮助平台更好地吸引用户、促进业务发展，并提供使用技巧和操作指导。

2）通过项目学习，掌握运营抖音账号的技巧，定位受众群体，提供有趣、有价值的内容，增加流量。创作人员可根据自己的创意，先从总体上对展示内容进行分类组织，然后把文字、图形、图像、声音、动画、影像等多种媒体素材在时间和空间两方面进行集成，使它们融为一体并具备交互特性，从而制作出各种精彩纷呈的多媒体演示文稿。

学思践悟

短视频行业的发展改变了信息传播方式，内容创作与流量增长成为关键。探索运营模式，分析用户需求，感受数字化时代的传播变革。

4. 项目实施

（1）演示文稿的设计

1）需求分析。分析客户需求，填写如表8-1所示的客户需求分析表。客户需求分析内容包括以下五方面。

①确定目标人群。

②确定设计风格。

③确定色彩搭配。

④确定主要内容。

⑤确定版面比例。

表8-1   客户需求分析表

项目名称	制作短视频平台运营演示文稿
目标人群	品牌方与企业主、市场营销团队、电商卖家、内容创造与网络红人等
设计风格	简约风格
色彩搭配	以蓝色为主色调，白色为辅助色
主要内容	短视频平台运营，打造自己的短视频平台IP
版面比例	16：9

2）内容规划。根据客户需求分析，进行演示文稿的内容规划，包括文案策划和图片素材的收集整理，绘制演示文稿内容规划的思维导图，如图8-4所示。

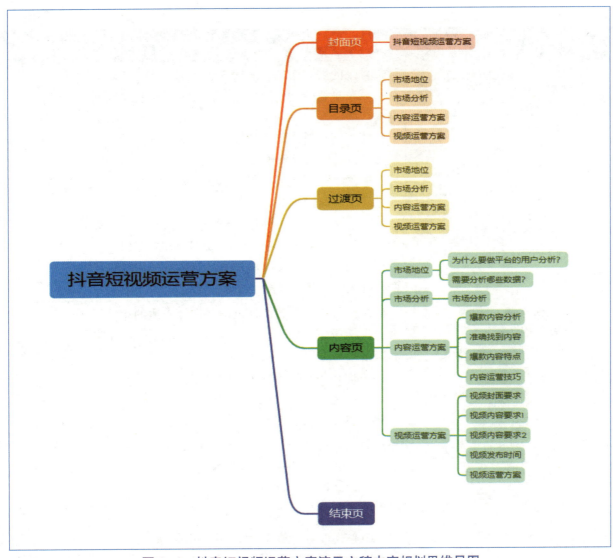

图 8-4 抖音短视频运营方案演示文稿内容规划思维导图

3）版式设计。根据客户需求并结合演示文稿的内容规划，为演示文稿绘制版式设计草图，确定页面布局和配色方案，并完善如表 8-2 所示的版式设计方案表。

表 8-2 版式设计方案表

名称	文案设计	布局方案	配色设计
封面页	1.封面页文案设计考虑简明扼要，具有吸引力，并与主题相关。 2.运用美学原理、注意版式布局，考虑受众等方面的因素，以达到最好的视觉效果和传达效果	1.主题字：通常放在封面页的视觉中心位置，使用较大字号或加粗字体，在颜色的选择上，使用和背景对比明显的颜色，突出并确保主题字清晰易读。 2.装饰字：用来补充主题字，围绕主题字适当放置。可选择线条作为文字的分段，但不要过分花哨，以免影响整体简洁度和专业感	深蓝色、浅蓝色、玫红色和白色

名称	文案设计	布局方案	配色设计
目录页	1. 文案简洁明了，用尽量少的文字概括每个章节的内容。 2. 如果演示文稿内容较多，可以使用层级结构，区分主要章节和子章节。 3. 真实反映演示文稿中各个章节的实际内容，避免使用夸大或误导性的语言	1. 目录的层次结构：根据内容结构，将主要章节和子章节进行合理的层次划分，使目录呈现清晰的结构。 2. 使用标示符：使用符号、数字或字母等标记各级目录，易于读者理解。 3. 标题样式：应与正文保持一致，包括字体、大小、颜色等，以确保整体的一致性。 4. 使用视觉元素：可以适当使用一些视觉元素，如线条、背景色块等，突出目录，并使其更加吸引人。 5. 控制字数和长度：每个项目应尽量控制在一或两行的长度，避免过长导致排版混乱	白色、深蓝色、浅蓝色
过渡页	1. 与演示文稿主题一致，形成衔接。 2. 引发兴趣，激发观众好奇心。 3. 简单易读，避免使用复杂术语	1. 根据具体需求和设计风格，选择合适的布局方案，包括居中布局、左右分栏布局、上下分区布局和网格布局等。 2. 考虑内容的呈现效果和观众的阅读习惯，过渡页的标题应当使用较大字号或加粗字体，使用和背景色对比明显的颜色，更加突出主题	深蓝色、浅蓝色、玫红色、白色
内容页1~2	1. 为什么要做平台用户分析？ 2. 需要分析哪些数据	1. 卡片式布局，区块化结构，让页面层次清晰易读，适当留白，从而提升视觉效果。 2. 左右结构，黑白对比更加突出主题，圆形和方形搭配，灵活生动	蓝色、红色、黑色、白色
内容页3~5	1. 市场分析。 2. 正确养号的方法	1. 中心式布局，突出主题，更吸引眼球。 2. 卡片式布局，层次结构分明	蓝色、红色、黑色、白色
内容页6~9	1. 爆款内容分析。 2. 精准找到内容。 3. 爆款内容特点。 4. 内容运营技巧	选择中心式布局，把主体放置在画面视觉中心，形成视觉焦点，再使用其他信息烘托和呼应主体。这样的布局形式能够将核心内容直观地展示给受众，内容要点展示更有条理，也具有良好的视觉效果	浅蓝色、深蓝色、白色
内容页10~14	1. 视频封面要求。 2. 视频内容要求。 3. 视频发布时间。 4. 视频运营方案	1. 在视频运营方案中，主要介绍了视频封面、视频内容要求、视频发布时间和视频运营方案。为了更好地突出知识重点，在这几个内容页中分别选用卡片式布局、中心式布局和左右对称、上下对称结构。 2. 其特点是：具有一定的层次感，能在页面版式上丰富设计，使之更加个性化，页面层次感更强烈，更能体现提炼出的内容	深蓝色、浅蓝色、白色、橘色
结束页	感谢聆听	主题文字居中排列，突出主题，简单明了	深蓝色、浅蓝色、玫红色和白色

注：可根据自己的设计自由添加内容页。

（2）演示文稿的制作

1）制作封面页。

①打开项目素材文件"短视频运营演示文稿背景"，如图8-5所示。

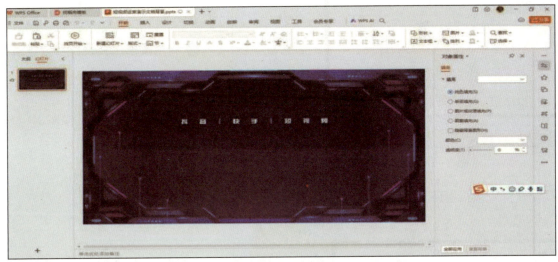

图8-5 打开短视频运营演示文稿背景文件

②打开项目素材后，在封面页中完成主题文字制作。操作步骤如图8-6所示。

图8-6 主题文字制作

❶ 插入文本，打开文本属性对话框，设置文本属性。字体为"华文中宋"，字形为常规，字号为66，颜色为白色。

❷ 插入形状选择"形状"→"燕尾形"，制作图形。

❸ 插入文本，打开文本属性对话框，设置文本属性。字体为"华文中宋"，字形为常规，字号为18，颜色为矢车菊蓝1。

2）制作目录页。

目录页是演示文稿不可缺少的一个页面，其主要作用是搭建整套幻灯片的逻辑框架。一个优秀的目录页，不仅逻辑条理清晰，设计也能让人眼前一亮，可以帮助观众快速了解幻灯片的整体框架。目录页设计要简洁，一目了然，能够清晰地表达内容从总到分的逻辑过渡，从而达到更好的演示效果。本项目中的目录页选择纵向左右排列，使用线框元素作为装饰，使整个画面更加简洁。目录页的制作步骤如图8-7、图8-8所示。

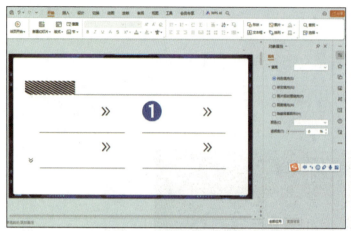

① 利用图形工具设计目录逻辑框架。

图 8-7　制作目录框架

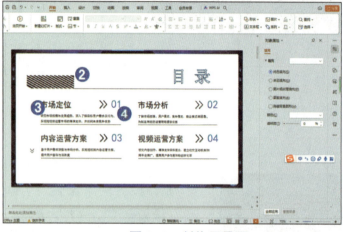

② 插入素材图形。
③ 插入横排文本框，输入相关文字，设置相关文字属性。
④ 对每一部分输入编号。

图 8-8　制作目录页

3）制作过渡页。

过渡页的主要作用是承上启下，帮助观众理解和跟上演示的进度，使内容转换更为流畅，因此过渡页设计应当简洁。本项目过渡页是纯文字，复制封面页，替换文字即可。效果如图 8-9 所示。

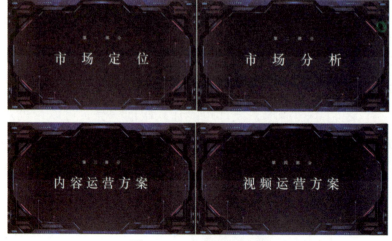

图 8-9　过渡页效果图

4）制作内容页 1、内容页 4 和内容页 10。

①内容页 1 采用书签卡片式布局、左右结构。以由单圆角矩形和三角形组成的立体书签为背景，突出立体感，增加吸引力；内容用圆角矩形作为背景，搭配合适颜色突出卡片的内容。合理排版，增加整个内容页的层次感。操作步骤如图 8-10 所示。

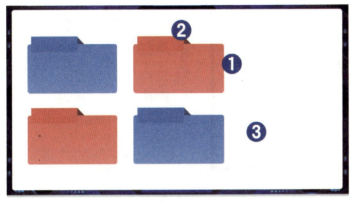

❶ 插入圆角矩形，调整大小，填充颜色。

❷ 插入单圆角矩形和三角形，调整位置，设计成有立体感的书签，填充颜色。

❸ 把书签和圆角矩形卡片组合复制 3 个，排版，填充颜色。

图 8-10　内容页 1 布局

②给每个书签输入序号，卡片输入相应的内容。在内容页 1 右侧输入该页的标题。操作步骤如图 8-11 所示。

❶ 输入内容页 1 标题。

❷ 在书签上输入序号。

❸ 在卡片上插入横排文本框，输入相关内容。

图 8-11　制作内容页 1

③内容页 4 和内容页 10 的制作过程和方法与内容页 1 相同，可根据内容页 1 制作内容页 4 和内容页 10，完成效果如图 8-12、图 8-13 所示。

图 8-12　内容页 4 效果图

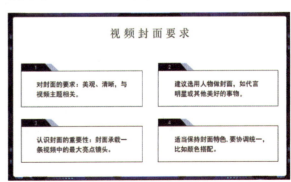

图 8-13　内容页 10 效果图

5）制作内容页 2 和内容页 5。

内容页 2 选择左右设计，凸显市场定位这一主题内容，左边为主题内容，背景为黑色矩形，右边插入图片来衬托。操作步骤如图 8-14 所示。

① 插入矩形，调整大小，填充黑色。

② 插入横排文本框，输入相关内容。

③ 插入图片，调整大小，合理安排位置。

图 8-14　制作内容页 2

内容页 5 的制作过程和方法与内容页 2 相同，根据内容页 2 制作内容页 5，完成效果如图 8-15 所示。

图 8-15　内容页 5 效果图

6）制作内容页 3。

内容页 3 选择左右布局，左右使用黑白颜色衬底，页面中心使用菱形为背景，突出主题标题，菱形上下放置三角形，相对菱形对称，使页面左右形成鲜明对比。左边插入图片，右边为主题内容，既能相互衬托，又增加了层次感。操作步骤如图 8-16 所示。

图 8-16　制作内容页 3

① 在页面中心插入菱形，调整大小，填充颜色，输入主题。

② 在菱形顶端和底端各插入三角形，调整大小，填充颜色。

③ 插入矩形和图片。

④ 插入横版文本框，输入主题内容。

7）制作内容页 6。

内容页 6 选择中心向四周扩散的布局，由页面中心圆形、箭头和中心周围圆形组成放射逻辑图。在中心圆形上插入手机图片素材，形成由手机图片向外放射的效果，操作步骤如图 8-17 所示。

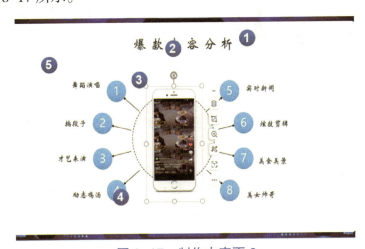

图 8-17　制作内容页 6

① 插入横排文本框，输入主题标题。

② 插入圆形作为背景，调整大小，填充颜色，再插入手机图片素材。

③ 插入箭头图形，调整箭头宽度与角度。

④ 在箭头末尾插入圆形，设置大小，填充颜色，在圆形上插入横排文本框，输入标号。

⑤ 在圆形一侧插入横排文本框，输入内容。

8）制作内容页 7。

内容页 7 采用围绕页面中心布局、左右对称的结构。页面以圆形为中心，左右排列圆角矩形，对齐排版，达到对称效果。操作步骤 8-18 所示。

图 8-18　制作内容页 7

① 在顶部中心位置插入横排文本，输入相关内容。

② 选择圆形，在页面中心绘制三个大小不等的同心圆，设置填充为无；线条类型为系统短画线。

③ 插入横排文本，输入相关内容。

④ 插入圆角矩形，通过编辑顶点，改变矩形的形状，插入横排文本，输入相关内容。

9）制作内容页 8。

内容页 8 采用环绕式布局。页面以圆形为中心，外围以小圆环绕布局，使整个版面的协调性和规整性达到统一。适当的间距可以让排版平衡、突出内容主题。操作步骤如图 8-19 所示。

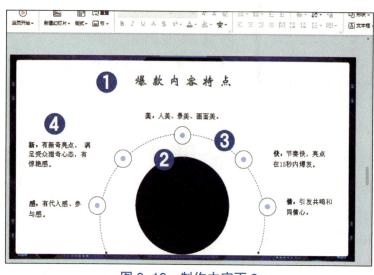

① 制作标题：插入横排文本，输入主题。页面中心下方插入圆形，放于合适位置，填充颜色为深蓝色。

② 插入同心圆，设置填充为无，线条选系统短画线。

③ 在页面下方同心圆外围圆形上排列 5 个小同心圆，环绕布局。

④ 在小同心圆附近插入横排文本框，调整大小，输入相关内容。

图 8-19   制作内容页 8

10）制作内容页 9。

内容页 9 制作过程和方法与内容页 2 相同，根据内容页 2 制作内容页 9，效果如图 8-20 所示。

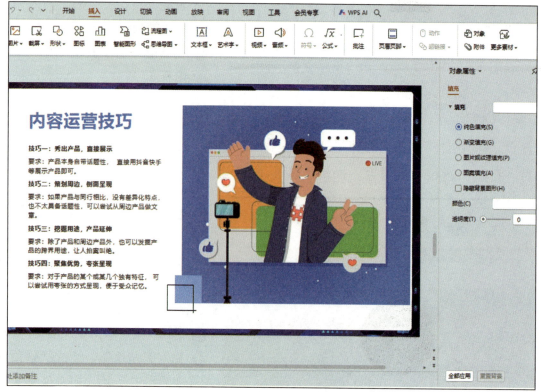

图 8-20   内容页 9 效果图

11）制作内容页 11 和内容页 14。

内容页 11 选用卡片式布局，左右结构。卡片由矩形和圆形组成，强调卡片内容，增加画面视觉冲击力和吸引力，使页面更有空间感。操作步骤如图 8-21 所示。

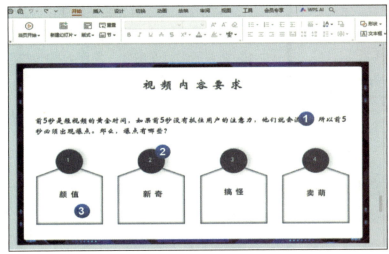

图 8-21　制作内容页 11

❶ 插入两个横排文本，输入标题内容。

❷ 插入矩形，选择"编辑形状"→"编辑顶点"，选择矩形上部线条，单击鼠标右键，选择"添加定点"选项，选择增加的定点，向上拖曳形成五边形。在定点处插入圆形图形，填充颜色为深蓝色。接着插入文本输入标号。

❸ 在卡片上插入横排文本，输入卡片内容。其他三个卡片做法相同，最后统一排版。

内容页 14 制作过程和方法与内容页 11 相似，根据内容页 11 制作内容页 14，效果如图 8-22 所示。

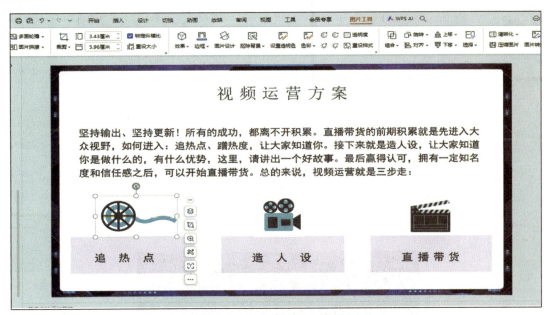

图 8-22　内容页 14 效果图

12）制作内容页 12。

该页选择中心标题左右对称布局，中心标题两侧布置图案文本，依次对齐。中心背景插入图片，将圆形插入中心标题，让页面形成以手机图片为中心的左右对称。操作步骤如图 8-23 所示。

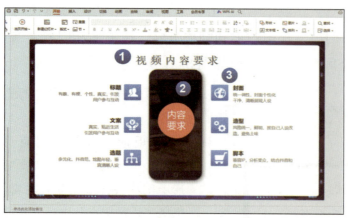

图 8-23　制作内容页 12

① 制作标题，插入横排文本，输入主题。
② 页面中心插入图片，再插入圆形，放于合适位置，填充珊瑚红颜色。插入横排文本，输入主题。
③ 插入图案，在图案一侧插入横排文本，输入内容。其余 5 个制作方法相同。

13）制作内容页 13。

内容页 13 选择左右布局，上下结构。使用圆角矩形色块衬底的方法，突出文字内容。给圆角矩形填充颜色使页面更有层次感。操作步骤如图 8-24 所示。

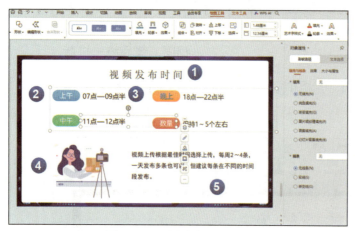

图 8-24　制作内容页 13

① 插入横排文本框，输入主题标题。
② 插入圆角矩形，调整大小，填充颜色，在圆角矩形上插入横排文本框，输入文本。
③ 在圆角矩形右侧插入横排文本框，输入文本。其他 3 个制作方法相同。
④ 在页面左下角插入素材图片。
⑤ 在页面右下角插入横排文本框，输入内容。

14）制作结束页。

结束页的设计可以使用封面页的版式，把内容改成感谢语即可。效果如图 8-25 所示。

图 8-25　结束页效果图

5. 项目总结

（1）过程记录

根据实际情况填写如表 8-3 所示的过程记录表。

表 8-3 过程记录表

序号	内容	思考及解决方法
1		
2		
3		
4		
5		

（2）能力提升与收获

6. 项目评价

项目结束后填写如表 8-4 所示的项目评价表。

表 8-4 项目评价表

内容	评分	小组评价	教师评价
项目分析（10分）			
项目实施（60分）			
项目总结（10分）			
知识运用（10分）			
小组合作（10分）			
合计			

拓展 8　制作最美家乡演示文稿

效果展示

技能探照灯

在本拓展项目中，你讲尝试对文件的放映进行设置。你需要熟练掌握以下的技能：

- 📹2　通过"新增节"打造更加清晰的页面结构
- 📹11　绘制任意多边形
- 📹18　三维旋转效果的调整
- 📹33　多显示器放映演示文稿

1. 项目背景

党的二十大明确提出"建设宜居宜业和美乡村"，对此作出的专门部署开启了新时代农业农村工作新局面。从美丽乡村到乡村建设行动再到和美乡村，一脉相承，内涵不断扩展，顺应了美丽中国建设、实施乡村振兴战略、加快推进农业农村现代化、加快建设农业强国的战略部署。

2. 项目目标

1）了解相关政策，认识建设宜居宜业和美乡村的重大意义。

2）宣传乡村振兴战略，为建设和美乡村贡献力量。

最美家乡演示文稿如图 8-26、图 8-27、图 8-28 和图 8-29 所示。

图 8-26　最美家乡演示文稿封面页

图 8-27　最美家乡演示文稿目录页

图 8-28　最美家乡演示文稿样片展示 1

图 8-29　最美家乡演示文稿样片展示 2

3. 项目分析

1）党的二十大报告提出"全面推进乡村振兴"，强调"建设宜居宜业和美乡村"。党对乡村建设规律的深刻把握，充分反映了亿万农民对建设美丽家园、过上美好生活的愿景和期盼。新时代新征程，全面推进乡村振兴，建设宜居宜业和美乡村，具有深远的历史意义和重大的现实意义。

2）技术可行性：绘制曲线；提炼文字，排版文字。

3）预期效果：将以生动的画面、真实的故事和详实的数据，全方位展示南山南村的自然风光、人文历史和乡村振兴成果。通过高清图片、航拍视频及互动元素，让观众感受到家乡的独特魅力与发展变化。结合村庄特色产业、生态环境改善及人文风貌，增强观众对家乡的认同感和自豪感，吸引更多游客、投资者和有志之士关注并助力家乡发展。

学思践悟

家乡承载着独特的文化印记，每一座村庄、每一条街巷都述说着历史与情感。挖掘地域文化特色，感受家乡发展的脉动与魅力。

4. 项目实施

（1）演示文稿的设计

1）需求分析。分析客户需求，填写如表 8-5 所示的客户需求分析表。客户需求分析内容包括以下五方面。

①确定目标人群。

②确定设计风格。

③确定色彩搭配。

④确定主要内容。

⑤确定版面比例。

表 8-5   客户需求分析表

项目名称	制作最美家乡演示文稿
目标人群	
设计风格	
色彩搭配	
主要内容	
版面比例	

2）内容规划。根据客户需求分析，进行演示文稿的内容规划，包括文案材料和图片素材的收集整理，绘制演示文稿内容规划的思维导图。

3）版式设计。根据客户需求并结合演示文稿的内容规划，为演示文稿绘制版式设计草图，确定页面布局和配色方案，并填写如表 8-6 所示的版式设计方案表。

表 8-6 版式设计方案表

名称	文案设计	布局方案	配色设计
封面页			
目录页			
过渡页			
内容页 1			
内容页 2			

续表

名称	文案设计	布局方案	配色设计
内容页 3			
内容页 4			
内容页 5			
内容页 6			
结束页			

注：可根据自己的设计自由添加内容页。

（2）演示文稿的制作

素材搜集→编辑排版→预演调试。

5. 项目总结

（1）过程记录

根据实际情况填写如表 8-7 所示的过程记录表。

表 8-7　过程记录表

序号	内容	思考及解决方法
1		
2		
3		
4		
5		

（2）能力提升与收获

6. 项目评价

项目结束后填写如表 8-8 所示的项目评价表。

表 8-8　项目评价表

内容	评分	小组评价	教师评价
项目分析（10分）			
项目实施（60分）			
项目总结（10分）			
知识运用（10分）			
小组合作（10分）			
合计			

参考文献

［1］刘庆，陈淑萍，王剑锋. PowerPoint 2013 商务 PPT 制作案例教程［M］. 北京：航空工业出版社，2016.

［2］郭绍义，丁鹏. PPT 现代商务办公从新手到高手［M］. 南昌：江西人民出版社，2020.

［3］唐莹. PPT 设计与制作全能手册［M］. 北京：北京理工大学出版社，2022.